マンホールカードコレクション③

第9弾▶第12弾+特別版

下水道広報プラットホーム（GKP）

スモール出版

はじめに

本書は
2017年7月発行の『マンホールカード コレクション 1　第1弾〜第4弾』、
2018年11月発行の『マンホールカード コレクション 2　第5弾〜第8弾』
の続刊です。

マンホールカードは全種類のコンプリートはもちろん、
色分けされた地域や都道府県、テーマに分類したピクトグラムなど、
自由に好きなカテゴリーで集められるように設計されています。
コレクションがより楽しく、充実したものになればという想いで
このガイドブックを制作致しました。

マンホールカードの目的とは、世界に誇れる文化物である
日本のマンホール蓋を国民の皆さまに楽しく伝えるとともに、
下水道への理解・関心を深めていただくことです。

これらのカードを通じて、マンホール蓋の先にある、
下水道の世界にも興味を持っていただけましたら幸いです。

GKP 下水道広報プラットホーム

■ もくじ

■ マンホールカードとは

マンホールカードとは、「下水道広報プラットホーム」(GKP) が、全国の地方公共団体と一緒に発行しているマンホール蓋のコレクションカードのこと。下水道関連施設や観光案内所などで無料で配布されている「カード型下水道広報パンフレット」です。

路上を飾るご当地ものとしてマンホール蓋が社会の注目を集める中、マンホールカードは今まで下水道を気に留めていなかった方には興味の入り口として、すでにマンホール蓋に関心を寄せていただいている方には、蓋の先にある下水道の大切さをより深く理解していただくことを目的に誕生しました。

(マンホールカードの特徴)

● 集める楽しさにこだわったコレクションカード
  配布場所が限定されており、その場所に行かなければもらえないため、マニアのコレクション魂をくすぐります。

● 集めることで発見できる楽しさを意図的に残した設計
  複数ごと収集していく過程で、カードに秘められた記号の意味が分かるような設計が施されています。

● デザインの奥深さや楽しさを伝えることに特化したデザイン
  デザインの説明や由来が、鮮やかな画像とともに記載されています。

2016年4月に第1弾の配布が始まったマンホールカードは、2020年4月に第12弾が発行され、計667種類 (535自治体) となりました。

テレビや新聞、雑誌など、数多くのメディアが取り上げ、大きな反響を呼んでいます。

■マンホールカード　第9弾～第12弾+特別版　一覧

第9弾	2018年	12月	14日導入	60自治体	60種	
第10弾	2019年	8月	7日導入	61自治体	61種	
第11弾	2019年	12月	14日導入	63自治体	66種	
第12弾	2020年	4月	25日導入	50自治体	50種	
特別版	2020年	3月	9日導入	12自治体	12種	(配布開始は11月19日)

北海道

札幌市 第9弾　天塩町 第9弾　北見市 第10弾　赤平市 第10弾　名寄市 第10弾　当別町 第10弾　古平町 第10弾　浦河町 第10弾　足寄町 第10弾　釧路市 第11弾

北海道

帯広市 第11弾　滝川市 第11弾　富良野市 第11弾　東神楽町 第11弾　音更町 第11弾　別海町 第11弾　名寄市 第12弾　南富良野町 第12弾　豊富町 第12弾　利尻町 第12弾

東北

弘前市 第9弾　十和田市 第9弾　花巻市 第9弾　東松島市 第9弾　七ヶ浜町 第9弾　女川町 第9弾　河北町 第9弾　岩手県流域下水道 第10弾　釜石市 第10弾　宮城県流域下水道 第10弾

東北

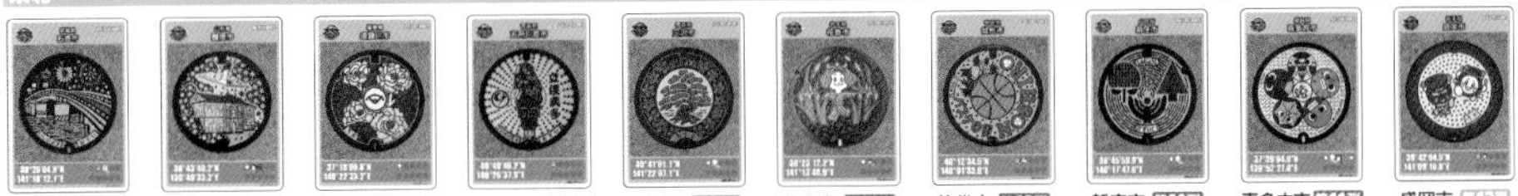

石巻市 第10弾　鶴岡市 第10弾　須賀川市 第10弾　五所川原市 第11弾　三沢市 第11弾　花巻市 第11弾　能代市 第11弾　新庄市 第11弾　喜多方市 第11弾　盛岡市 第12弾

東北　**関東**

釜石市 第12弾　男鹿市 第12弾　結城市 第9弾　栃木市 第9弾　佐野市 第9弾　日光市 第9弾　渋川市 第9弾　みどり市 第9弾　草加市 第9弾　北本市 第9弾

関東

三郷市 第9弾　野田市 第9弾　流山市 第9弾　東京23区 第9弾　相模原市 第9弾　日立市 第10弾　龍ケ崎市 第10弾　那珂市 第10弾　鉾田市 第10弾　宇都宮市 第10弾

関東

鹿沼市 第10弾　渋川市 第10弾　熊谷市 第10弾　本庄市 第10弾　伊奈町 第10弾　木更津市 第10弾　松戸市 第10弾　調布市 第10弾　町田市 第10弾　日野市 第10弾

関東

横浜市 第10弾 ／ 藤沢市 第10弾 ／ 大和市 第10弾 ／ 座間市 第10弾 ／ 北茨城市 第11弾 ／ 筑西市 第11弾 ／ 桜川市 第11弾 ／ 真岡市 第11弾 ／ 那須塩原市 第11弾 ／ 玉村町 第11弾

関東

鴻巣市 第11弾 ／ 川島町 第11弾 ／ 館山市 第11弾 ／ 市原市 第11弾 ／ 国立市 第11弾 ／ 伊勢原市 第11弾 ／ 葉山町 第11弾 ／ 清川村 第11弾 ／ 常陸太田市 第12弾 ／ 那須塩原市 第12弾

関東

渋川市 第12弾 ／ 吉岡町 第12弾 ／ 上尾市 第12弾 ／ 桶川市 第12弾 ／ 富士見市 第12弾 ／ 宮代町 第12弾 ／ 浦安市 第12弾 ／ 東京23区 第12弾 ／ 立川市 第12弾 ／ 町田市 第12弾

北陸

柏崎市 第9弾 ／ 富山市 第9弾 ／ 高岡市 第9弾 ／ 舟橋村 第9弾 ／ 燕市 第10弾 ／ 糸魚川市 第10弾 ／ 胎内市 第10弾 ／ 小矢部市 第10弾 ／ 村上市 第11弾 ／ 富山市 第11弾

北陸 ／ 中部

輪島市 第11弾 ／ 新発田市 第12弾 ／ 中能登町 第12弾 ／ 高浜町 第12弾 ／ 甲斐市 第9弾 ／ 大町市 第9弾 ／ 朝日村 第9弾 ／ 高山市 第9弾 ／ 飛騨市 第9弾 ／ 静岡市 第9弾

中部

熱海市 第9弾 ／ 御殿場市 第9弾 ／ 愛知県流域下水道 第9弾 ／ 半田市 第9弾 ／ 碧南市 第9弾 ／ 犬山市 第9弾 ／ 東浦町 第9弾 ／ 四日市市 第9弾 ／ 飯田市 第10弾 ／ 飛騨市 第10弾

中部

郡上市 第10弾 ／ 豊田市 第10弾 ／ 大府市 第10弾 ／ 蟹江町 第10弾 ／ 長野県流域下水道 第10弾 ／ 諏訪市 第11弾 ／ 伊那市 第11弾 ／ 佐久市 第11弾 ／ 千曲市 第11弾 ／ 南木曽町 第11弾

中部

高山市 第11弾 ／ 垂井町 第11弾 ／ 沼津市 第11弾 ／ 三島市 第11弾 ／ 伊東市 第11弾 ／ 掛川市 第11弾 ／ 伊豆の国市 第11弾 ／ 岡崎市 第11弾 ／ 半田市 第11弾 ／ 扶桑町 第11弾

中部 ／ 近畿

松阪市 第11弾 ／ 甲府市 第12弾 ／ 岡谷市 第12弾 ／ 伊那市 第12弾 ／ 南箕輪村 第12弾 ／ 富士宮市 第12弾 ／ 江南市 第12弾 ／ 伊勢市 第12弾 ／ 草津市 第9弾 ／ 栗東市 第9弾

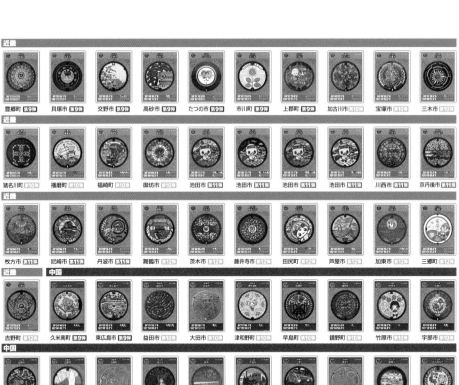

近畿

豊郷町 第9弾 | 貝塚市 第9弾 | 交野市 第9弾 | 高砂市 第9弾 | たつの市 第9弾 | 市川町 第9弾 | 上郡町 第9弾 | 加古川市 第10弾 | 宝塚市 第10弾 | 三木市 第10弾

近畿

猪名川町 第10弾 | 播磨町 第10弾 | 福崎町 第10弾 | 御坊市 第11弾 | 池田市 第11弾 | 池田市 第11弾 | 池田市 第11弾 | 池田市 第11弾 | 川西市 第11弾 | 京丹後市 第11弾

近畿

枚方市 第11弾 | 尼崎市 第11弾 | 丹波市 第11弾 | 舞鶴市 第12弾 | 茨木市 第12弾 | 藤井寺市 第12弾 | 田尻町 第12弾 | 芦屋市 第12弾 | 加東市 第12弾 | 三郷町 第12弾

近畿 / 中国

吉野町 第12弾 | 久米南町 第9弾 | 東広島市 第9弾 | 益田市 第10弾 | 大田市 第10弾 | 津和野町 第10弾 | 早島町 第10弾 | 鏡野町 第10弾 | 竹原市 第10弾 | 宇部市 第10弾

中国

岩国市 第10弾 | 出雲市 第11弾 | 吉賀町 第11弾 | 津山市 第11弾 | 萩市 第11弾 | 下松市 第11弾 | 江津市 第12弾 | 雲南市 第12弾 | 倉敷市 第12弾 | 安芸高田市 第12弾

中国 / 四国

山陽小野田市 第12弾 | 徳島県流域下水道 第9弾 | 丸亀市 第9弾 | 綾川町 第9弾 | 多度津町 第9弾 | 綾川町 第10弾 | 今治市 第10弾 | まんのう町 第11弾 | 東温市 第11弾 | 丸亀市 第12弾

九州

北九州市 第9弾 | 宗像市 第9弾 | 那珂川市 第9弾 | 芦屋町 第9弾 | 白石町 第9弾 | 熊本市 第10弾 | 日出町 第10弾 | 筑後市 第11弾 | 荒尾市 第11弾 | 薩摩川内市 第11弾

九州 / 特別版

宇美町 第12弾 | みやき町 第12弾 | 杵築市 第12弾 | 鹿児島市 第12弾 | 枕崎市 第12弾 | 名護市 第12弾 | 沖縄市 第12弾 | 千葉県 第12弾 | 世田谷区 特別版 | 渋谷区 特別版

特別版

杉並区 特別版 | 豊島区 特別版 | 北区 特別版 | 足立区 特別版 | 小金井市 特別版 | 小平市 特別版 | 東大和市 特別版 | 東久留米市 特別版 | 稲城市 特別版

P009

■ マンホールカードの見方

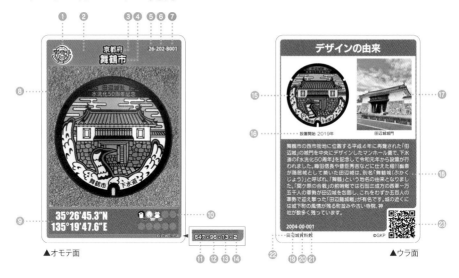

▲オモテ面 ▲ウラ面

❶ ロゴマーク：すべてのマンホールカードは、同じフォーマット・規格で作られています。
その証明として、この位置にロゴマークを表記しています。

❷ ベースカラー：カードのベースとなる色は、以下の9つの地域ブロックで整理されています。
北海道(濃緑)、東北(黄緑)、関東(水色)、北陸(濃青)、中部(黄色)、近畿(橙色)、中国(赤色)、
四国(紫色)、九州(桃色)の9色です。

❸ 都道府県名：このマンホール蓋の所在地の都道府県名です。

❹ 市区町村名：このマンホール蓋の所在地の市区町村名です。
設置されている場所なので、このマンホールを管理している自治体とは異なる場合があります。
ただし、都道府県が管理するマンホール蓋には「流域下水道」と表記してあります。

❺～❼ デザイン管理ナンバー

❺ 都道府県コード：都道府県に付けられた全国共通のコードになります。
以下の通りです。

⑴ 北海道

⑵ 青森県	⑶ 岩手県	⑷ 宮城県	⑸ 秋田県	⑹ 山形県	⑺ 福島県
⑻ 茨城県	⑼ 栃木県	⑽ 群馬県	⑾ 埼玉県	⑿ 千葉県	⒀ 東京都	⒁ 神奈川県
⒂ 新潟県	⒃ 富山県	⒄ 石川県	⒅ 福井県
⒆ 山梨県	⒇ 長野県	㉑ 岐阜県	㉒ 静岡県	㉓ 愛知県	㉔ 三重県
㉕ 滋賀県	㉖ 京都府	㉗ 大阪府	㉘ 兵庫県	㉙ 奈良県	㉚ 和歌山県
㉛ 鳥取県	㉜ 島根県	㉝ 岡山県	㉞ 広島県	㉟ 山口県
㊱ 徳島県	㊲ 香川県	㊳ 愛媛県	㊴ 高知県
㊵ 福岡県	㊶ 佐賀県	㊷ 長崎県	㊸ 熊本県
㊹ 大分県	㊺ 宮崎県	㊻ 鹿児島県	㊼ 沖縄県

❻ 市区町村コード：日本の市区町村に付けられた全国共通のコードです。

❼ デザイン種類・デザイン数量：

同一自治体がデザインの異なるマンホール蓋のカードを作る場合、そのデザインごとに先頭のアルファベットを A、B、C……という具合に割り振っていきます。

一方、マンホールカードは❾で説明するように、蓋の位置座標を記載する仕様となっているため、同一デザインの蓋であっても、位置座標が異なれば新たなカードとして発行する必要があります。

その場合は、デザインは同じですから先頭のアルファベットは変えず、その後に続く番号を1つずつカウントアップしていきます。

❽ マンホール蓋の写真：マンホール蓋の写真です。背景はアスファルト柄で統一されています。

❾ 位置座標：

このマンホール蓋が設置されている位置座標です。緯度・経度の度・分・秒で表されているため、これを「Google マップ」に入力すると、場所が地図に表示されて、実際にこのマンホール蓋を見に行くことができます。秒は小数点以下の第1位までの表記で統一されています。

❿ ピクトグラム（デザインカテゴリー）：31種類のテーマのピクトグラム（絵文字）でカテゴリー分けがされ、その下には連番が付けられています。連番は、カテゴリーに当てはまるカードのうち何番目のカードであるかを示してします。

ピクトグラム一覧

花　木　鳥　魚　動物　昆虫　果物　野菜

名物品　観光名所　鉄道　乗物（鉄道以外）　祭り　イベント（祭以外）　スポーツ　偉人（歴史的人物）

文学史　おとぎ話　キャラクター　広告宣伝　富士山　お城　橋　歴史的建造物（お城、橋梁以外）

幾何学模様　海　山　川　湖／沼　世界遺産　その他

⓫〜⓮ コレクションナンバー

マンホールカードは、コレクションの楽しみを追求しているため、様々なテーマで連番が付けられています。

⓫ 全カード連番：全カード通しての連番です。

⓬ ブロック（地域）連番：ベースカラーの9つのブロック内における連番です。

⓭ 都道府県連番：都道府県内における連番です。

⓮ 市区町村連番：市区町村内における連番です。

⑮ マンホール蓋のデザイン図：マンホール蓋のデザイン図面です。

⑯ 設置開始年：このデザインのマンホール蓋が設置された年です。

⑰ デザインに関する画像：マンホール蓋のデザインがより深く楽しめるように、由来にまつわる写真やイラストが入れられています。

⑱ デザインの由来・説明：このマンホール蓋のデザインについての説明です。由来やモチーフ、その土地にまつわる情報などが書かれています。

⑲～㉑ 製造管理ナンバー

⑲ 導入年月（導入弾数）：このカードが導入された年月を表します。
例えば「1812」という番号は2018年の12月に配布が始まったという意味で、この数字は第9弾という意味にもなります。つまり1812は2018年12月導入の第9弾。1908は2019年8月導入の第10弾。1912は2019年12月導入の第11弾。2004は2020年4月導入の第12弾のことです。

⑳ 修正回数：正確を期するようにつくられているマンホールカードですが、まれに位置座標などに関し、誤った情報が記載されることがあります。その場合は修正をして、この数字を増やすことで、修正の有無や回数が分かるようにしています。また増刷する際に、もっといい写真を使いたい、雰囲気を変えたいというような場合なども修正されることがあります。

㉑ 製造ロットナンバー：マンホールカードは、1ロット2,000枚という単位で製造されています。この時のロット数の単位で、数字が上がっていきます。例えば2なら4,000枚、3なら6,000枚発行しているという意味です。

㉒ 配布場所：このカードが配布されている場所です。この地を訪れた思い出の目印にしてください。

㉓ QRコード：自治体ごとに設定したサイトのQRコードです。役所のホームページや、自治体が独自に作成したマンホールカード専用サイトがなどにリンクされています。

■マンホールカード特別版（東京都）

「マンホールカード特別版（東京都）」とは、GKP・下水道広報プラットホームが東京都と連携して企画・制作を行っている特別版のマンホールカードです。「ゴールド」が基調カラーになります。2020年3月9日に導入されましたが、新型コロナウイルスの感染拡大を受け緊急事態宣言が発令されたことから、2020年11月19日に配布開始となりました。

■マンホールカードの集め方

今後も続々と新たな顔ぶれが登場するマンホールカード。全国各地をまわって、すべてのカードをコンプリートすることは至難の業です。そこでマンホールカードは、集めてもらう方に、好きなカテゴリーでコレクションしていただけるように工夫されています。「私は北海道限定で集めたい」「自分の住んでいる市のものだけを集めたい」「世界遺産のカードだけをコンプリートしたい」「地元の1種類のカードのロットナンバー違いだけを集めたい」など、ご自身でテーマを決め、自由にコレクションすることができます。

全カード連番、9色のブロック（地域）連番、都道府県連番、市区町村連番、ピクトグラム、製造ロットナンバーなどをフル活用し、自分なりの楽しみ方を見つけてみてください。

■ 本書の見方

❶ **GETマーク**：入手したカードのチェック欄です。

❷ **都道府県名**：このマンホール蓋の所在地の都道府県名です。

❸ **市区町村名**：このマンホール蓋の所在地の市区町村名です。
県が管理するマンホール蓋には「流域下水道」と表記してあります。

❹ **製造ロットナンバー**：自分が持っているカードのロットナンバーをチェックしておける記入欄です。
同じカードでも、入手するために訪れた時期が違えばロットナンバーが変わることがあるので、それ
を記録するためのものです。

❺ **オモテ面**：マンホールカードのオモテ面です。

❻ **ウラ面**：マンホールカードのウラ面です。

❼ **導入弾数**：マンホールカードの弾数です。本書では、第9弾から第12弾、特別版までを掲載しています。

❽ **デザイン管理ナンバー**：マンホールカードのデザイン管理ナンバーです。
左から「都道府県コード」「市区町村コード」「デザイン種類・デザイン数量」を表します。

❾ **コレクションナンバー**：コレクション性を高めるために記した番号です。
左から「全カード連番」「ブロック（地域）連番」「都道府県連番」「市区町村連番」を表します。

❿ **導入年月**：マンホールカードが導入された年月です。2018.12（2018年12月導入）、2019.08（2019年8月
導入）、2019.12（2019年12月導入）、2020.04（2020年4月導入）の4種類があります。

⓫ **配布場所**：このマンホールカードが配布されている場所です。

⓬ **配布場所住所**：このマンホールカードが配布されている場所の住所です。

⓭ **デザインの由来・説明**：本書オリジナルの、デザインの由来と説明文です。

※本書のデータは、2021年3月現在のものです。
※「配布場所」や「配布場所住所」は変更になる場合があります。下水道広報プラットホーム（GKP）のホームページで最新情報が
　更新されますので、カード入手にお出かけの際には、ぜひご確認ください。
※本書は2018年12月導入の第9弾から、2020年4月導入の第12弾と、特別版までのすべてのカードを掲載したものです。
　今後も2020年12月導入の第13弾以降のカードなどが増え続けますので、あらかじめご了承ください。

北海道 札幌市

Lot No.	Lot No.	Lot No.	Lot No.	Lot No.

北海道
札幌市
01-100-B001

43°07'01.5"N
141°20'33.9"E

デザインの由来

設置開始 1964年　札幌市章

札幌市の徽章を中央に配し、外側の六角模様は、6つの花、すなわち雪に因み、雪をもって北海道を象徴し、内側の円形模様は、札幌の札の字の図案化であり、更に○形全体をもって片仮名の口の字の意味を兼ねています。中央の星形は、北斗星によって北方の意を表すと共に、片仮名のホの字を形どったものであり、徽章全体を通じて、北海道札幌を表示しようとしたものです。

1812-01-003
札幌市時計台

第9弾

01-100-B001
420-26-26-2
2018.12

配布場所
札幌市時計台

配布場所住所
北海道札幌市中央区北1条西2丁目

札幌市の徽章を中央にデザインしています。外側の六角模様は、6つの花、すなわち雪に因み、雪をもって北海道を象徴し、内側の円形模様は、札幌の札の字の図案化であり、更に○形全体をもって片仮名の口の字の意味を兼ねています。中央の星形は、北斗星によって北方の意を表すと共に、片仮名のホの字を形どったものであり、徽章全体を通じて、北海道札幌を表示しようとしたものです。

北海道 天塩町

Lot No.	Lot No.	Lot No.	Lot No.	Lot No.

北海道
天塩町
01-487-A001

てしお
下水道

44°53'40.3"N
141°44'28.4"E

デザインの由来

設置開始 2000年　エゾヤマザクラ　ハマナス　コガラ

このデザイン蓋に描かれている鳥「コガラ」は、主に山地の針葉樹林などに生息し、北海道では留鳥として生息しています。木「エゾヤマザクラ」は、5月頃になると美しい色の花を咲かせ、その花の色は厳しい冬の寒さによってよりきれいなピンク色となりどこのものよりも濃く、ここ天塩町にも春の訪れを知らせる風物詩となっています。花「ハマナス」は、6〜8月に開花。これら「鳥・木・花」は天塩町のシンボルとなっています。

1812-00-001
天塩町役場

第9弾

01-487-A001
421-27-27-1
2018.12

配布場所
【平日】天塩町役場 2階 建設課
【休日】天塩町役場 1階 当直室

配布場所住所
北海道天塩郡天塩町新栄通8丁目1466-113

このデザイン蓋に描かれている鳥「コガラ」は、主に山地の針葉樹林などに生息し、北海道では留鳥として生息しています。木「エゾヤマザクラ」は、5月頃になると美しい色の花を咲かせ、その花の色は厳しい冬の寒さによってよりきれいなピンク色となりどこのものよりも濃く、ここ天塩町にも春の訪れを知らせる風物詩となっています。花「ハマナス」は、6〜8月に開花。これら「鳥・木・花」は天塩町のシンボルとなっています。

北海道 北見市

Lot No. | Lot No. | Lot No. | Lot No. | Lot No.

第10弾

01-208-B001
479-28-28-2
2019.08

配布場所
【平日】北見市上下水道局 常呂上下水道課窓口
（北見市役所常呂総合支所内）
【休日】北見市役所 常呂総合支所 当直室
配布場所住所
北海道北見市常呂町字常呂323番地

北見市を代表するスポーツである「カーリング」をデザインに取り入れたマンホール蓋です。2018年、韓国・平昌で開催された第23回オリンピック冬季競技大会で、北見市出身の男女の選手が大活躍し、女子の「LS北見（現ロコ・ソラーレ）」が銅メダルを獲得したことを記念して作成しました。北見市のカーリングの歴史は、1980年に、旧常呂町でビールのミニ樽を利用した手作りストーンを使ったことから始まります。

44°07'17.0"N
144°03'21.3"E

北海道 赤平市

Lot No. | Lot No. | Lot No. | Lot No. | Lot No.

第10弾

01-218-A001
480-29-29-1
2019.08

配布場所
【火曜日以外】情報発信基地
AKABIRAベース
【火曜日】赤平市役所 上下水道課
配布場所住所
北海道赤平市幌岡町54

マンホールのデザインは、歴史を物語る日本一のズリ山（トロッコで積み上げられた岩石などでできた山）階段や立坑やぐらなどの炭鉱遺産、市の中心を流れる空知川、人々が集う「交流センターみらい」を表しています。ズリ山に火文字を灯す「火まつり」では、赤いふんどしを締めたランナーが松明を持って市内を駆け抜け、その荒々しくも厳かな雰囲気は、炭鉱全盛期のまちを彷彿とさせます。

43°32'56.9"N
142°03'21.7"E

北海道 名寄市

Lot No.	Lot No.	Lot No.	Lot No.	Lot No.

北海道
名寄市
01-221-A001

FUREN

44°17'32.1"N
142°25'09.8"E

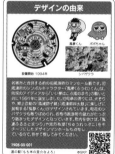

デザインの由来

風夢くん　ポポちゃん

シバザクラ

設置開始 1994年

道の駅「もち米の里☆なよろ」

第10弾

01-221-A001
481-30-30-1
2019.08

配布場所
道の駅「もち米の里☆なよろ」

配布場所住所
北海道名寄市風連町西町
334番地1

名寄市と合併する前の旧風連町のマンホール蓋です。旧風連町のシンボルキャラクター「風夢(ふうむ)くん」は、町民のアイディアから「いい夢はこぶ風のまち」の願いと共に1991年に誕生しました。旧町章の周りには、犬ぞりや、郷土芸能の「風連獅子舞」「風連御料太鼓」に楽しげに挑戦する「風夢くん」がデザインされています。町花のシバザクラも散りばめられ、名寄市風連町の魅力がたっぷり詰まったデザインとなっています。

北海道 当別町

Lot No.	Lot No.	Lot No.	Lot No.	Lot No.

北海道
当別町
01-303-A001

とうべつ

おべつ

43°12'29.7"N
141°30'16.3"E

デザインの由来

設置開始 1997年

伊達 邦直

北欧の風 道の駅とうべつ

第10弾

01-303-A001
482-31-31-1
2019.08

配布場所
北欧の風 道の駅とうべつ

配布場所住所
北海道石狩郡当別町当別太
774番地11

描かれているのは、伊達政宗直系の子孫で、仙台藩・岩出山伊達家十代目当主である伊達邦直公の甲冑姿です。伊達邦直公は、1868年、戊辰戦争に敗れた後、新天地の開拓に活路を見いだそうと、北海道を目指しました。1871年にトウベツで調査を2回行うと、翌年の1872年には、家臣とその家族340名を率いてトウベツに移住しました。そして、厳しい自然環境と戦いながら開拓を進め、当別町の基礎を築きました。

北海道 古平町

デザインの由来

設置開始 2000年　　セタカムイ岩

古平町の奇岩・セタカムイ岩と日本海を背にして、キャンプ場の古平家族旅行村ではテニス、前浜では海水浴を楽しむ様子を描いています。セタカムイ岩の「セタカムイ」は、アイヌ語で「セタ＝犬」、「カムイ＝神」という意味で、「犬の神様」という意味を持ちます。その伝説の一つに、漁に出た主人の帰りを海辺で待ち続けた漁師の愛犬が、そのまま、その海辺で岩と化したという言い伝えがあります。古平家族旅行村は町営のキャンプ場で、5月から10月に開村しており、美しい緑の中に包まれながら、日本海を見下ろす豊かな空気と潮風の香りが気持ちよい人気リゾートです。

1908-00-001
古平町役場庁舎　　　　©GKP

第10弾

01-406-A001
483-32-32-1
2019.08

配布場所
古平町役場庁舎

配布場所住所
北海道古平郡古平町大字
浜町40番地4

古平町の奇岩・セタカムイ岩と日本海を背にして、キャンプ場の古平家族旅行村ではテニス、前浜では海水浴を楽しむ様子を描いています。セタカムイ岩の「セタカムイ」は、アイヌ語で「セタ＝犬」、「カムイ＝神」という意味で、「犬の神様」という意味を持ちます。その伝説の一つに、漁に出た主人の帰りを海辺で待ち続けた漁師の愛犬が、そのまま、その海辺で岩と化したという言い伝えがあります。

43°15'55.4"N
140°38'19.9"E

北海道 浦河町

デザインの由来

設置開始 1992年　　乗馬

馬の産地としての浦河の歴史は古く、江戸時代にまで遡ります。1907年には、日高種馬牧場が開設され、今日の軽種馬生産の基礎が作られました。これまでに浦河から5冠馬シンザンをはじめ、数多くの名馬を世に送り出しています。町では「5,000人町民乗馬」をスローガンとする町民への乗馬普及活動として、幼児・小学生の乗馬体験学習、一般対象の乗馬教室、乗馬大会の開催などを実施し、子どもから大人まで乗馬を楽しむことができます。必ず行う帽子への堆肥改良用の牛ふん堆肥が使用されています。また、日頃しないのどかな風景を堪能することができます。

1908-00-001
浦河町役場上下水道課　©GKP

日高山脈

第10弾

01-607-A001
484-33-33-1
2019.08

配布場所
【平日】浦河町役場 上下水道課
【休日】浦河町役場 警備室

配布場所住所
北海道浦河郡浦河町築地
1丁目3番1号

馬の産地としての浦河の歴史は古く、江戸時代にまで遡ります。1907年には、日高種馬牧場が開設され、今日の軽種馬生産の基礎が作られました。これまでに浦河から5冠馬シンザンをはじめ、数多くの名馬を世に送り出しています。町では「5,000人町民乗馬」をスローガンとする町民への乗馬普及活動として、幼児・小学生の乗馬体験学習、一般対象の乗馬教室、乗馬大会の開催などを実施し、子どもから大人まで乗馬を楽しむことができます。

42°10'34.4"N
142°45'43.8"E

北海道 足寄町

Lot No.	Lot No.	Lot No.	Lot No.	Lot No.

北海道
足寄町
01-647-A001

43°14'40.0"N
143°33'13.5"E

デザインの由来

足寄町のデザインマンホール蓋には、町のマスコットキャラクター「アユミちゃん」がデザインされています。足寄の「足」の字がモチーフの「アユミちゃん」は、地道な努力家で、人の和を大切にし、口コミの店や人の集まる（寄る）場所によく出没する、人なつっこい性格です。その「アユミちゃん」が日本一広大なあしょろの大地（アユミランド）を、町の特産で北海道遺産にも登録されている「ラワンぶき」を持って、一歩一歩歩んでいる様子を表現しています。

設置開始 1997年
ラワンぶき
アユミちゃん
1908-00-001
©GKP
足寄町役場建設課上下水道室

第10弾
01-647-A001
485-34-34-1
2019.08

配布場所
【平日】足寄町役場 建設課上下水道室
【休日】足寄町役場 警備員室
配布場所住所
北海道足寄郡足寄町北1条
4丁目48番地1

町のマスコットキャラクター、「アユミちゃん」がデザインされています。足寄の「足」の字がモチーフの「アユミちゃん」は、地道な努力家で、人の和を大切にし、口コミの店や人の集まる（寄る）場所によく出没する、人なつっこい性格です。その「アユミちゃん」が日本一広大なあしょろの大地（アユミランド）を、町の特産で北海道遺産にも登録されている「ラワンぶき」を持って、一歩一歩歩んでいる様子を表現しています。

北海道 釧路市

Lot No.	Lot No.	Lot No.	Lot No.	Lot No.

北海道
釧路市
01-206-B001

阿寒

43°26'03.0"N
144°05'56.2"E

デザインの由来

国の特別天然記念物に指定されている「阿寒湖のマリモ」と「タンチョウ」をデザインしたシンボル蓋です。マリモが暮らす阿寒湖にタンチョウが降り立つ姿を描いており、釧路市の自然の象徴とも言える2つのシンボルが競演した魅力たっぷりのデザインとなっています。類まれな自然環境が生み出した「阿寒湖のマリモ」は美しい大型球状体を作り、その姿は世界的にも希少価値が高く阿寒湖でしか見られない神秘的な存在となっています。タンチョウは、純白羽に首筋から尾にかけてを黒色を彩りまとい、ずら、釧路市をタンチョウが生を細密に築き添えてご紹介したい。

設置開始 1990年
阿寒湖のマリモ
タンチョウ
1912-00-001
©GKP
阿寒湖まりむ館

第11弾
01-206-B001
545-35-35-2
2019.12

配布場所
阿寒湖まりむ館
観光インフォメーションセンター
配布場所住所
北海道釧路市阿寒町阿寒湖
温泉2丁目6-20

国の特別天然記念物に指定されている「阿寒湖のマリモ」と「タンチョウ」をデザインしたマンホール蓋です。マリモが暮らす阿寒湖にタンチョウが降り立つ姿を描いており、釧路市の自然の象徴とも言える2つのシンボルが競演した魅力たっぷりのデザインとなっています。類まれな自然環境が生み出した「阿寒湖のマリモ」は美しい大型球状体を作り、その姿は世界的にも希少価値が高く阿寒湖でしか見られない神秘的な存在となっています。

北海道 帯広市

Lot No.	Lot No.	Lot No.	Lot No.	Lot No.

北海道
帯広市
01-207-A001

42°55'05.6"N
143°12'10.2"E

デザインの由来

設置開始 2018年

クロユリ
しらかば
ひばり

ばんえい十勝のマスコットキャラクター「リッキー」を中心に、帯広市の花「クロユリ」、木「しらかば」、鳥「ひばり」そして、「フードバレーとかち」を描いたマンホール蓋です。世界で唯一、この帯広市のみで開催されるばんえい競馬は、体重1トンを超えるばん馬たちが鉄ソリを曳き、パワーとスピードを競います。間近でレースを観戦できるので、騎手の駆け引きや馬の息づかいを感じることもできます。十勝・帯広市の「食」と「観光漁業」を転化した地域密着型「フードバレーとかち」で美味しい十勝を食べる♪をコンセプトにデザインされたロゴマークを配置しています。

1912-00-001
とかち観光情報センター
©GKP

第11弾
01-207-A001
546-36-36-1
2019.12

配布場所
とかち観光情報センター

配布場所住所
北海道帯広市西2条南12丁目
エスタ帯広東館2階

ばんえい十勝のマスコットキャラクター「リッキー」を中心に、帯広市の花「クロユリ」、木「しらかば」、鳥「ひばり」、そして、「フードバレーとかち」を描いたマンホール蓋です。世界で唯一、この帯広市のみで開催される「ばんえい競馬」は、体重1トンを超えるばん馬たちが鉄ソリを曳き、パワーとスピードを競います。間近でレースを観戦できるので、騎手の駆け引きや馬の息づかいを感じることもできます。

北海道 滝川市

Lot No.	Lot No.	Lot No.	Lot No.	Lot No.

北海道
滝川市
01-225-A001

たきかわ

おすい

43°33'28.1"N
141°54'36.3"E

デザインの由来

設置開始 2019年

菜の花
グライダー

「のどかかつ活気ある滝川」をイメージし、広い大地に咲く菜の花と、晴れた空を飛ぶグライダーを描いたデザインは、北海道滝川西高等学校美術部の生徒が発案しました。滝川の菜種栽培は日本有数の作付面積を誇り、特に江部乙(えべおつ)地区では、菜の花の開花時期である毎年5月中旬から6月上旬には、各地に広がる菜の花の黄色い絨毯を一望することができます。航空機の発着に不可欠な気象条件は上昇気流が発生しやすく、航空事故の割合が少ないことからスカイスポーツが盛んで、「たきかわスカイパーク」ではグライダーの搭乗体験ができ、雄大な大地を満喫しながら、空中散歩を楽しむことができます♪

1912-00-001
たきかわ観光国際スクエア
©GKP

第11弾
01-225-A001
547-37-37-1
2019.12

配布場所
たきかわ観光国際スクエア

配布場所住所
北海道滝川市栄町4丁目9-1

「のどかかつ活気ある滝川」をイメージし、広い大地に咲く菜の花と、晴れた空を飛ぶグライダーを描いたデザインは、北海道滝川西高等学校美術部の生徒が発案しました。滝川の菜種栽培は日本有数の作付面積を誇り、特に江部乙(えべおつ)地区では、菜の花の開花時期である毎年5月中旬から6月上旬には、各地に広がる菜の花の黄色い絨毯を一望することができます。

北海道 富良野市

北海道 富良野市　01-229-A001

デザインの由来

芦別岳と桜並木

へそくん

設置開始 2019年

烏帽子豊かな北海道の中心で富良野市の一大イベント「北海へそ祭り」公式キャラクター「へそ丸くん」が愉快に踊っている様子をデザインしたマンホール蓋です。お腹に絵(図腹)を描き、「北海へそ音頭」に合わせて元気な掛け声と腰をくねらせる踊りに、観客も愉快になります。背景には日本二百名山である芦別岳と、長い冬から春の訪れを告げる東大演習林樹木園の桜並木という美しいコラボレーションを描いています。こっそり隠れたハートの「緑」をイメージしたマンホールです。ヘそスキーのまちをモチーフにした種類のデザインマンホールを掲載しています。

1912-00-001
©GKP

富良野市上下水道課

43°20'47.3"N
142°23'29.0"E

548-38-38-1

第11弾

01-229-A001
548-38-38-1
2019.12

配布場所
【平日】富良野市役所 上下水道課
【休日】富良野市役所 警備室
配布場所住所
北海道富良野市弥生町
1番1号

自然豊かな北海道の中心で富良野市の一大イベント「北海へそ祭り」公式キャラクター「へそ丸くん」が愉快に踊っている様子をデザインしたマンホール蓋です。お腹に絵(図腹)を描き、「北海へそ音頭」に合わせて元気な掛け声と腰をくねらせる踊りに、観客も愉快になります。背景には日本二百名山である芦別岳と、長い冬から春の訪れを告げる東大演習林樹木園の桜並木という美しいコラボレーションを描いています。

北海道 東神楽町

北海道 東神楽町　01-453-A001

デザインの由来

ひがしかぐら

つつじ

設置開始 1992年

『花のまち』東神楽町は北海道の道のほぼ中央にあります。町内には旭川空港があり、観光拠点として便利な場所にあります。人口はこの40年間増加しており、子供の人数の割合も15年連続道内1位を実現しています。昭和40年代には「美しい町づくり全国コンクール」、「花のある職場コンクール」等の数々の賞を受賞しました。この頃から『花のまち』として全国的に知られるようになり、見学に訪れる団体が相次ぎました。昭和49年8月に、町制施行80周年の時に「つつじ」が町の花に制定されるようになり春を告げる。町の木4本が川別けが『つつじ』のマンホールデザインを使用しています。

1912-00-001
©GKP

東神楽町役場

43°41'45.5"N
142°27'07.0"E

548-38-38-1

第11弾

01-453-A001
549-39-39-1
2019.12

配布場所
【平日】東神楽町役場 建設水道課
【休日】東神楽町役場 守衛室
配布場所住所
北海道上川郡東神楽町南1条
西1丁目3番2号

「花のまち」東神楽町は北海道のほぼ中央にあります。町内には旭川空港があり、観光拠点として便利な場所にあります。人口はこの40年間増加しており、子供の人数の割合も15年連続道内1位を実現しています。昭和40年代には「美しい町づくり全国コンクール」、「花のある職場コンクール」等の数々の賞を受賞しました。この頃から『花のまち』として全国的に知られるようになり、見学に訪れる団体が相次ぎました。

北海道 音更町

Lot No. | Lot No. | Lot No. | Lot No. | Lot No.

北海道
音更町
01-631-A001

おとふけ

モ〜るちゃん　おおそくん　雨

42°56'00.1"N
143°17'58.4"E

デザインの由来

音更町開始 2018年

おおそくん　モ〜るちゃん　スズラン

1912-00-001
ガーデンスパ十勝川温泉　©GKP

第11弾

01-631-A001
550-40-40-1
2019.12

配布場所
ガーデンスパ十勝川温泉

配布場所住所
北海道河東郡音更町
十勝川温泉北14丁目1

音更町のキャラクター「おおそくん」と「モ〜るちゃん」を中央に描き、その周りに音更町の花である「スズラン」を配置したマンホール蓋です。「おおそくん」は音更町で生産されている音更大袖振大豆をモチーフにしたキャラクター。「モ〜るちゃん」は音更町にある十勝川温泉のキャラクターで、音更町の小豆、豚などの特産品と十勝川温泉の源泉でもあるモールなど、音更町の魅力をギュッと詰め込んだキャラクターです。

北海道 別海町

Lot No. | Lot No. | Lot No. | Lot No. | Lot No.

北海道
別海町
01-691-A001

BETSUKAI

43°23'38.1"N
145°07'05.5"E

デザインの由来

設置場所 2018年

ホルスタイン　エゾカンゾウ

1912-00-001
別海町役場建設水道部上下水道課　©GKP

第11弾

01-691-A001
551-41-41-1
2019.12

配布場所
別海町役場
【平日】建設水道部上下水道課
【休日】警備室
配布場所住所
北海道野付郡別海町別海常盤町
280番地

生乳生産量全国一を誇る酪農王国別海町は、牛が人口の約7倍います。また、町面積1,320平方キロメートルの約48%を牧草地が占め、市街地を一歩出ると、どこまでも続く緑の大地が広がっています。このマンホール蓋は、その緑の大地で乳牛（ホルスタイン）がのんびり過ごしている様子をイメージしたものです。描かれている花は野付半島に群生する「エゾカンゾウ」であり、別海町は酪農地帯だけではなく漁業地帯もあることを表現しています。

北海道 名寄市

Lot No.	Lot No.	Lot No.	Lot No.	Lot No.

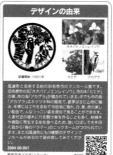

デザインの由来

第12弾

01-221-B001
618-42-42-2
2020.04

配布場所
なよろ観光まちづくり協会
（駅前交流プラザ「よろーな」内）

配布場所住所
北海道名寄市東1条南7丁目
1番地10

風連町と合併する前の旧名寄市のマンホール蓋です。旧名寄市の花「オオバナノエンレイソウ」、市の木「カエデ」の葉、市の鳥「アカゲラ」が描かれています。中でも市の鳥「アカゲラ」はキツツキ科の留鳥で、夏季は主に山地に棲み、冬季にはエサを求めて市街地に現れ、白、黒、赤の美しい配色で、人なつっこい姿を庭先で見ることができます。

44°20'57.4"N
142°27'50.5"E

北海道 南富良野町

Lot No.	Lot No.	Lot No.	Lot No.	Lot No.

デザインの由来

第12弾

01-462-A001
619-43-43-1
2020.04

配布場所
南富良野浄化センター

配布場所住所
北海道南富良野町字幾寅
505番地5

「ヒナゲシ」「クルミ」「カナディアンカヌー」が描かれています。中央の「カナディアンカヌー」は、毎年6月～9月頃に町の湖で盛んに行われており、町の祭の際に乗っていく方や、観光で来た方々がよく乗っていきます。左側は町花の「ヒナゲシ」で、初夏になると花茎を出し、主に9月下旬から10月中旬頃に咲きます。右側は町木の「クルミ」で、5月から6月頃にかけて開花し、開花後には3cmくらいの実がなります。

43°10'17.4"N
142°34'10.1"E

北海道 豊富町

デザインの由来

第12弾

01-516-B001
620-44-44-2
2020.04

配布場所
湯の杜ぽっけ

配布場所住所
北海道天塩郡豊富町字温泉

利尻礼文サロベツ国立公園の玄関口、サロベツ原野から望む日本海を背景として、海岸草原に咲く代表的な花「エゾスカシユリ」、豊富町の花「エゾカンゾウ」、町から一望できる「利尻富士」をデザインしました。豊富町には日本最北の温泉郷「豊富温泉」があります。この夕焼色にも見える温泉は、全国でも珍しく油分が多く含まれていて、火傷への効能の他、乾癬やアトピー疾患に効能が高いと評価を受けています。

北海道 利尻町

デザインの由来

第12弾

01-518-A001
621-45-45-1
2020.04

配布場所
利尻町役場

配布場所住所
北海道利尻郡利尻町沓形字緑町14番地1

本町は北海道の北西部に位置する離島にあり、島の中央には日本百名山の一つである利尻山（標高1,721m）がそびえており、様々な高山植物が咲き誇る自然が豊かな町です。このデザインは、島のシンボルである利尻山をメインに、カモメや日本海から打ち寄せる荒波など、島の自然と本町のマスコットキャラクター「りしりん」を描き、利尻町らしさを表したものです。

青森県 弘前市

Lot No.	Lot No.	Lot No.	Lot No.	Lot No.

青森県
弘前市
02-202-A001

40°36'33.9"N
140°28'04.2"E

デザインの由来

放置開始 2018年

たか丸くん　さくら
「こぎん」刺し

弘前市(ひろさきし)のマスコットキャラクター「たか丸くん」(1を中央に配置し、その周囲に、市の花である「さくら」を伝統工芸の「こぎん刺し」模様でかたどって散りばめ、背景もさくら色にしたマンホール蓋です。このマンホール蓋は水資源豊かを相保している女性農業者がデザインしている「ジ」

1812-00-001
弘前市緑の相談所 ©GKP

第9弾

02-202-A001
422-43-2-1
2018.12

配布場所
弘前市緑の相談所
配布場所住所
青森県弘前市下白銀町1-1

弘前市 (ひろさきし) のマスコットキャラクター「たか丸くん」を中央に配置し、周囲に市の花である「さくら」を伝統工芸の「こぎん刺し」模様でかたどって散りばめ、背景もさくら色にしたマンホール蓋です。このマンホール蓋は、弘前公園内に設置されています。約2600本のさくらが咲き誇る春には、弘前公園で「弘前さくらまつり」が開催され、国内外から大勢の観光客が訪れます。

青森県 十和田市

Lot No.	Lot No.	Lot No.	Lot No.	Lot No.

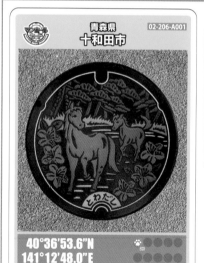

青森県
十和田市
02-206-A001

40°36'53.6"N
141°12'48.0"E

デザインの由来

放置開始 1992年

馬の親子
馬のオブジェ

このマンホール蓋は、元気に駆ける子馬とそれを優しく見守る親馬の様子がデザインされています。十和田市は、文久3年(1863年)に馬市が開催されて以来、馬セリで賑わい、明治時代には陸軍の軍馬補充部も開設され、馬産地として栄えた歴史

1812-01-002
十和田市観光物産センター

第9弾

02-206-A001
423-44-3-1
2018.12

配布場所
十和田市観光物産センター
配布場所住所
青森県十和田市稲生町15-3
(アートステーショントワダ内)

十和田市のマンホール蓋には、元気に駆ける子馬とそれを優しく見守る親馬の様子がデザインされています。十和田市は、文久3年(1863年)に馬市が開催されて以来、馬セリで賑わい、明治時代には陸軍の軍馬補充部も開設され、馬産地として栄えた歴史があります。散策スポットとして人気の官庁街通りには、通りのシンボルでもある桜と松をデザインしたマンホール蓋もあります。

岩手県 花巻市

Lot No.	Lot No.	Lot No.	Lot No.	Lot No.

岩手県
花巻市
03-205-C001

39°28'03.4"N
141°17'06.7"E

デザインの由来

設置開始 1995年

ぶどう　ハヤチネ
ウスユキソウ

花巻市大迫町（おおはさままち）にある北上高地最高峰の早池峰山（はやちねさん）に咲くハヤチネウスユキソウと、花の特産品であるぶどうを描いたマンホール蓋です。ハヤチネウスユキソウは早池峰山の固有種です。

1812-00-001
花巻市役所大迫総合支所
©GKP

第9弾

03-205-C001
424-45-6-3
2018.12

配布場所
花巻市役所大迫総合支所

配布場所住所
岩手県花巻市大迫町大迫
2-51-4

花巻市大迫町（おおさままち）にある北上高地最高峰の早池峰山（はやちねさん）に咲くハヤチネウスユキソウと、町の特産品であるぶどうを描いたマンホール蓋です。ハヤチネウスユキソウは早池峰山の固有種です。大迫地域は気候や風土がフランスのボルドー地方に似ていることからぶどう栽培が盛んで、地元産のぶどうを原料としたワインは世界的に評価されています。

宮城県 東松島市

Lot No.	Lot No.	Lot No.	Lot No.	Lot No.

宮城県
東松島市
04-214-B001

38°25'12.3"N
141°12'35.3"E

第9弾

04-214-B001
425-46-10-2
2018.12

配布場所
Harappa本店

配布場所住所
宮城県東松島市矢本字
北浦485番地1

東松島市に所在する航空自衛隊松島基地所属のブルーインパルスをデザインしたマンホール蓋です。ブルーインパルスは東日本大震災時に福岡県の芦屋基地にいたため、被災を免れました。その後は芦屋基地を活動拠点としていましたが、東松島市の復旧・復興が進み、松島基地へ無事帰還しました。この蓋は、松島基地への玄関口であるJR矢本駅前に設置されています。

宮城県 七ヶ浜町

デザインの由来

設置開始 2018年　町木の黒松

本マンホール蓋は、下水道への親しみやすさや信頼を深めていただくことを目的としたマンホールカードデザインコンテストを行うため、子ども達の発想の着眼や着想が選ばれた作品を元に製作しています。受賞者は「七ヶ浜にはとてもきれいな海と松があります。とくに、天気のいい日は海と松と真青な空と雲を合わせると、とてもすてきな風景なので、それをデザインにしました」と説明しています。町の黒松は、町内の至るところに林立し、防潮、防風林として防災の大役も果たしています。乾燥にも適し栽培されています。本マンホール蓋は昭和60周年の2018年に製作しました。

七ヶ浜国際村　©GKP

1812-00-001

第9弾

04-404-A001
426-47-11- 1
2018.12

配布場所
七ヶ浜国際村
配布場所住所
宮城県宮城郡七ヶ浜町
花渕浜字大山1-1

本マンホール蓋は、デザインコンテストに参加した250作品の中から、最優秀賞に選ばれた作品を元に製作されました。受賞者は「七ヶ浜にはとてもきれいな海と松があります。とくに、天気のいい日は海と松と真青な空と雲を合わせると、とてもすてきな風景なので、それをデザインにしました」と説明しています。町木の黒松は町内の至るところに林立し、防潮、防風林として防災の大役も果たしています。

宮城県
七ヶ浜町

04-404-A001

38°17'54.3"N
141°04'06.8"E

426-47-11-1

宮城県 女川町

デザインの由来

設置開始 1997年　うみねこ

女川町の風光明媚なリアス式海岸は天然の良港を形成し、カキやホタテ・ホヤ・銀鮭などの養殖業が盛んで、世界三大漁場の一つである金華山沖漁場が近いことから、魚市場には年間を通じて暖流・寒流の豊富な魚種が、数多く水揚げされています。「女川」の由来は、前九年の役の源義家軍の宿営地が堅田の海を隔てたかった隅に、一角の武士が守を宿営地とした守を祭った社がある。この地から流れる川を「女川」と呼び、これが町名になったと伝えられています。デザインは町の鳥「うみねこ」を中心に「町の花「桜」と町の木「スギ」などが周りを覆い、水色は海を表しています。

女川町たびの情報館ぷらっと　©GKP

1812-00-001

第9弾

04-581-A001
427-48-12-1
2018.12

配布場所
女川町たびの情報館ぷらっと
配布場所住所
宮城県牡鹿郡女川町
女川浜字大原479番地の20
SG-7街区1画地

女川町のマンホール蓋のデザインは、町の鳥「うみねこ」を中心に町の花「桜」と町の木「スギ」などが周りを覆い、水色は海を表しています。女川町の風光明媚なリアス式海岸は天然の良港を形成し、カキやホタテ・ホヤ・銀鮭などの養殖業が盛んで、世界三大漁場の一つである金華山沖漁場が近いことから、魚市場には年間を通じて暖流・寒流の豊富な魚種が、数多く水揚げされています。

宮城県
女川町

04-581-A001

きらきらいきいき港
女川町
おながわ

おすい

38°26'47.3"N
141°26'41.2"E

山形県 河北町

山形県 河北町 06-321-A001

デザインの由来

設置開始 1985年

紅花資料館
紅花

河北町は、山形県のほぼ中央に位置し、かつては最上川舟運の花の集散地として栄えた町です。町の生み出した商品には、塗り物はじめ絵画や書、京人形形などの素晴工芸品及び多くの上方文化を花北に持ちたらしました。マンホール蓋のデザインされている紅花資料は、近郷きっての富豪だった堀米家の屋敷跡で、昭和57年に町が寄贈を受け整備修復を行い、昭和59年に開館されました。紅花は山形県花とともに町が栄えた紅花文化として日本遺産にも認定され、後世に紅花文化として「日本遺産」に認定され、位置づけられております。

1812-00-001
紅花資料館

38°26'17.0"N
140°17'58.2"E

428-49-9-1

第9弾

06-321-A001
428-49-9-1
2018.12

配布場所
紅花資料館　物産館
配布場所住所
山形県西村山郡河北町
谷地戊1143

河北町のマンホール蓋にデザインされている紅花資料館は、近郷きっての富豪だった堀米家の屋敷跡で、昭和57年に町が寄贈を受け整備修復を行い、昭和59年に開館されました。河北町は山形県のほぼ中央に位置し、かつては最上川舟運の紅花の集散地として栄えた町です。紅花を上方に運んだ船は、返り荷として生活必需品をはじめ、絵画や書、京人形など多くの上方文化を河北町へもたらしました。

岩手県 流域下水道

岩手県 流域下水道 03-000-A001

いわて　りゅういき

®わんこきょうだい

39°38'08.1"N
141°10'41.9"E

486-50-7-1

デザインの由来

設置開始 2019年

わんこきょうだい

北上川河畔と岩手山
わんこそば

岩手県のマスコットキャラクター「わんこきょうだい」を描いたマンホール蓋です。わんこきょうだいは岩手名物のおもてなし料理である「そばっち」を中心に、「おもっち」「うにっち」「とふっち」「こくっち」の5人のきょうだいで構成されています。それぞれがお椀の中に、県内各地域を代表する食材である蕎麦、ずんだ餅、ウニ、豆腐、穀物を入れています。

1908-00-001
いわて県民情報交流センター　アイーナ

第10弾

03-000-A001
486-50-7-1
2019.08

配布場所
いわて県民情報交流センター
「アイーナ」3階総合受付
配布場所住所
岩手県盛岡市盛岡駅西通
1丁目7番1号

岩手県のマスコットキャラクター「わんこきょうだい」を描いたマンホール蓋です。わんこきょうだいは岩手名物のおもてなし料理「わんこそば」と特産である漆器をモチーフにした「そばっち」を中心に、「おもっち」「うにっち」「とふっち」「こくっち」の5人のきょうだいで構成されています。それぞれがお椀の中に、県内各地域を代表する食材である蕎麦、ずんだ餅、ウニ、豆腐、穀物を入れています。

岩手県 釜石市

Lot No.	Lot No.	Lot No.	Lot No.	Lot No.

岩手県
釜石市
03-211-B001

39°16'26.9"N
141°53'20.9"E

デザインの由来

第10弾

03-211-B001
487-51-8-2
2019.08

配布場所
釜石魚河岸にぎわい館
「魚河岸テラス」

配布場所住所
岩手県釜石市魚河岸3番3

釜石市の伝統的な郷土芸能である「虎舞」をデザインしたマンホール蓋です。虎舞はおよそ830年前、鎮西八郎為朝の三男で、陸奥の国を領有していた閉伊頼基が、将兵たちの士気を鼓舞するため虎の着ぐるみを着けて踊らせたことから始まったと伝えられています。「虎は千里行って千里帰る」ということわざから、漁師たちが無事芸能に帰港することを願う沿岸漁民の間に広がりました。

宮城県 流域下水道

Lot No.	Lot No.	Lot No.	Lot No.	Lot No.

宮城県
流域下水道
04-000-A001

38°27'51.0"N
141°17'11.9"E

デザインの由来

第10弾

04-000-A001
488-52-13-1
2019.08

配布場所
【平日】石巻浄化センター内
（株）アイ・ケー・エス 流域管理事務所
宮城県石巻市蛇田字新〆切5番地の2
【土日祝】宮城県慶長使節船ミュージアム
（サン・ファン館）
宮城県石巻市渡波字大森30-2

このマンホール蓋は、宮城県が所管している7つの流域下水道のうち、「北上川下流流域」及び「北上川下流東部流域」のPRキャラクター「もぐべェ」と「カッパ」を、両流域の浄化センターがある石巻市の木「クロマツ」で囲んだデザインになっています。これらのキャラクターは、石巻浄化センター内に多く生息しているもぐらと、水神の使者（または水神そのもの）と言われるかっぱをモチーフにしています。

宮城県 石巻市

Lot No.	Lot No.	Lot No.	Lot No.	Lot No.

宮城県
石巻市
04-202-A001

38°26'04.8"N
141°18'12.1"E

第10弾

04-202-A001
489-53-14-1
2019.08

配布場所
石巻市かわまち交流センター

配布場所住所
宮城県石巻市中央二丁目
11番17

石巻市のマンホール蓋は、水と共に生活してきた石巻市民の思いを表現して作られました。旧北上川に架かる橋を中心に、夏の夜空を華やかに飾る川開き祭りの花火大会と、橋脚でたわむれる「ハゼ」と「ウグイ」を描いたデザインになっています。川開き祭りの歴史は古く、治水により石巻の街を救った川村孫兵衛重吉翁に対する報恩感謝の祭りとして、大正時代に始まりました。

山形県 鶴岡市

Lot No.	Lot No.	Lot No.	Lot No.	Lot No.

山形県
鶴岡市
06-203-B001

38°43'40.2"N
139°49'33.2"E

第10弾

06-203-B001
490-54-10-2
2019.08

配布場所
鶴岡市観光案内所

配布場所住所
山形県鶴岡市末広町3-1
マリカ東館1F（FOODEVER内）

日本で初めてユネスコ食文化創造都市に認定された鶴岡市は、下水道・農業・食の連携による循環型社会の構築を目指しています。鶴岡市内に10種類以上あるマンホール蓋の中でも、鶴岡処理区で使用されているこのデザインには洋風建築物「大宝館」、市の花「さくら」、市章「鶴」が図案化されています。大宝館は、日本のさくらの名所100選に選ばれている鶴岡公園内にある、人気の観光地です。

福島県 須賀川市

Lot No.	Lot No.	Lot No.	Lot No.	Lot No.

福島県
須賀川市
07-207-A001

37°18'00.8"N
140°22'23.2"E

デザインの由来

中心に市章、その周りに市の花である牡丹がデザインされたマンホール蓋です。牡丹の名所として知られる国指定名勝「須賀川牡丹園」は明和3年(1766年)に摂津国(現在の兵庫県宝塚市)から牡丹の苗木を持ち帰り、栽培したのが始まりとされ、現在では10ヘクタールの園内に290種類・7,000株もの大輪の牡丹の花が咲き誇り、牡丹をはじめとする四季折々の花や風景を楽しむことができます。

1908-00-001
須賀川市民交流センター tette ©GKP

第10弾

07-207-A001
491-55-18-1
2019.08

配布場所
須賀川市民交流センター tette

配布場所住所
福島県須賀川市中町4-1

中心に市章、その周りに市の花である「牡丹」がデザインされたマンホール蓋です。牡丹の名所として知られる国指定名勝「須賀川牡丹園」は明和3年(1766年)に摂津国(現在の兵庫県宝塚市)から牡丹の苗木を持ち帰り、栽培したのが始まりとされ、現在では10ヘクタールの園内に290種類・7,000株もの大輪の牡丹の花が咲き誇り、牡丹をはじめとする四季折々の花や風景を楽しむことができます。

青森県 五所川原市

Lot No.	Lot No.	Lot No.	Lot No.	Lot No.

青森県
五所川原市
02-205-A001

立佞武多

40°48'40.2"N
140°26'37.9"E

デザインの由来

五所川原市で8月4日から8日に開催される立佞武多(たちねぷた)祭りをデザインしたマンホール蓋です。立佞武多祭りでは立佞武多と呼ばれる巨大な山車が力強いお囃子と「ヤッテマレ!ヤッテマレ!」の掛け声のもと、市街地を練り歩きます。明治末期の巨大化したねぷたを平成8年に復元したのがこの祭りの始まりで、山車は大きいものだと高さ約23メートル、重さ約19トンにもなります。

1912-00-001
立佞武多の館 ©GKP

第11弾

02-205-A001
552-56-4-1
2019.12

配布場所
立佞武多の館

配布場所住所
青森県五所川原市字大町506-10

五所川原市で8月4日から8日に開催される立佞武多(たちねぷた)祭りをデザインしたマンホール蓋です。立佞武多祭りでは「立佞武多」と呼ばれる巨大な山車が力強いお囃子と「ヤッテマレ!ヤッテマレ!」の掛け声のもと、市街地を練り歩きます。明治末期の巨大化したねぷたを平成8年に復元したのがこの祭りの始まりで、山車は大きいものだと高さ約23メートル、重さ約19トンにもなります。

青森県 三沢市

Lot No.	Lot No.	Lot No.	Lot No.	Lot No.

青森県
三沢市
02-207-A001

40°41'01.1"N
141°22'07.1"E

デザインの由来

設置開始 1992年

三沢市のマンホール蓋は、市の木である「松」と市の花である「さつき」をモチーフに製作されています。松は三沢市他の植物が繁殖まで広大な赤松林だったため、今でも市内に広く分布し、防風林や学校林として市民の生活を見守っています。さつきは常緑で育てやすく、市内の公園や家々の庭に植えられ、5月から6月にかけて鮮やかな花は三沢市の目を楽しませています。三沢市は海産物の産地として有名で、参加しき生きを育み、雇用に関産業の繁栄に寄与しながら、参加しき生み、まちにいや参りに恵まれる豊かなまちの発展を祈念しています。

1912-00-001
SkyPlazaMISAWA

第11弾

02-207-A001
553-57-5-1
2019.12

配布場所
SkyPlazaMISAWA
(スカイプラザミサワ)

配布場所住所
青森県三沢市中央町2丁目8-34

三沢市のマンホール蓋は、市の木「松」と市の花「さつき」をモチーフにしています。三沢市の市街地は戦前まで広大な赤松林だったため、松は今でも市内に広く分布し、防風林や学校林として市民の生活を見守っています。さつきは常緑で育てやすく、市内の公園や家々の庭に植えられ、5月から6月にかけて鮮やかな花が咲きそろいます。このさつきの花は、市民をはじめ多くの人々の目を楽しませています。

岩手県 花巻市

Lot No.	Lot No.	Lot No.	Lot No.	Lot No.

岩手県
花巻市
03-205-D001

39°23'12.2"N
141°13'40.9"E

デザインの由来

設置開始 1994年

花巻市東和町(とうわちょう)の町の花であった「あやめ」をモチーフにしたキャラクター、「あやめちゃん」を描いたデザインになっています。「あやめちゃん」のデザインは若者が若芽を持ち、未来の農業への意欲を持つことを図案化し、あやめちゃんの胴体中央でしっかり結ばれた二文字は、市民の融和も表現しています。またデザインの中で東和の「と」「う」を図案化し、あやめちゃんの胴体中央でしっかり結ばれた二文字は、市民の融和も表現しています。花巻市東和町では古くから昔に深く根づいた花として代表され、花巻市東和町では田畑灌漑に多く生息しており、山野からも近い苑に恵まれる場所に育ち、その生命力の強さと美しい花は親しみを感じさせています。

1912-00-001
花巻市役所東和総合支所

第11弾

03-205-D001
554-58-9-4
2019.12

配布場所
花巻市東和総合支所
【平日】地域振興課
【休日】警備員室

配布場所住所
岩手県花巻市東和町土沢8区60番地

花巻市東和町(とうわちょう)の町の花であった「あやめ」をモチーフにしたキャラクター、「あやめちゃん」を描いたマンホール蓋です。「あやめちゃん」のデザインは、若者が若芽を持ち、未来の農業へ意欲を持つことを象徴しています。またデザインの中で東和の「と」と「う」を図案化し、あやめちゃんの胴体中央でしっかり結ばれた二文字は、市民の融和も表現しています。

秋田県 能代市

Lot No.	Lot No.	Lot No.	Lot No.	Lot No.

秋田県
能代市
05-202-A001

40°12'34.5"N
140°01'33.8"E

デザインの由来

設置開始：2011年　バスケの街能代ロゴマーク

能代バスケミュージアム
©GKP

第11弾

05-202-A001
555-59-3-1
2019.12

配布場所
能代バスケミュージアム

配布場所住所
秋田県能代市柳町5-20

バスケットボールと、毎年8月に行われる伝統行事「役七夕」の城郭灯篭上部にある鯱（シャチ）を組み合わせ、図案化したマンホール蓋です。能代市には、全国大会優勝50回以上の実績を誇る高校バスケットボールの名門秋田県立能代工業高等学校があり、市はその知名度を活かして「バスケの街」づくりに取り組んでいます。このデザインは2011年に「バスケの街」をテーマに公募して採用したものです。

山形県 新庄市

Lot No.	Lot No.	Lot No.	Lot No.	Lot No.

山形県
新庄市
06-205-A001

しんじょうし

げすいどう

38°45'59.9"N
140°17'47.6"E

デザインの由来

設置開始：1985年　もみの木のモニュメント　生命樹　あじさい

新庄ふるさと歴史センター
©GKP

第11弾

06-205-A001
556-60-11-1
2019.12

配布場所
新庄ふるさと歴史センター

配布場所住所
山形県新庄市堀端町4番74号

新庄市の花「あじさい」、市の木「もみ」が平和都市宣言の象徴旗「生命樹」に支えられたデザインのマンホール蓋です。「生命樹」は平和への願いを、たくましくも順応性に富んだ「あじさい」は新庄人の気質を、強く一直線にそびえる「もみ」は未来に躍進する新庄を表現しています。約4万5千株（34種類）のあじさいが植栽されている東山公園「あじさいの杜」は、国内有数のあじさい観賞スポットです。

福島県 喜多方市

福島県
喜多方市

07-208-A001

第11弾

07-208-A001

557-61-19-1

2019.12

配布場所
喜多方市役所
【平日】下水道課
【休日】宿日直室 (本庁舎)
配布場所住所
福島県喜多方市字御清水東
7244-2

37°39'04.0"N
139°52'27.0"E

557-61-19-1

喜多方市の「㐂」(喜の旧字)をモチーフにした市章を囲むように、市の花「ひめさゆり」、木「飯豊スギ」、鳥「セキレイ」、魚「イトヨ」、昆虫「ホタル」をイメージしたキャラクターがデザインされたマンホール蓋です。ひめさゆりは豊かさと明るさを、飯豊スギとセキレイは未来に向かっての限りない発展と活性化を、イトヨとホタルは美しい水と豊かな自然をそれぞれ象徴しています。

岩手県 盛岡市

岩手県
盛岡市

03-201-A001

第12弾

03-201-A001

622-62-10-1

2020.04

配布場所
もりおか歴史文化館

配布場所住所
岩手県盛岡市内丸1番50号

39°42'04.5"N
141°09'10.8"E

622-62-10-1

盛岡市制施行130周年を記念して製作されたこのマンホール蓋は、毎年8月1日から4日間に渡って行われる「盛岡さんさ踊り」がモチーフになっています。円形のマンホール蓋を、ギネス記録にも認定されたことで知られる「さんさ太鼓」に見立て、そこに盛岡さんさ踊り公式マスコットキャラクター「さっこちゃん」と、岩手県のイメージキャラクター「わんこきょうだい」の「とふっち」を配置しています。

岩手県 **釜石市**

GET ✓

Lot No.	Lot No.	Lot No.	Lot No.	Lot No.

岩手県
釜石市
03-211-C001

KAMAISHI UNOSUMAI
MEMORIAL STADIUM

39°19'39.3"N
141°53'30.3"E

623-63-11-3

デザインの由来

設置開始 2019年　鵜住居復興スタジアム

このデザインはスタジアムを囲む豊かな自然を表現し、赤い丸は新しい出発」を願いを込めて海からの「日の出」を表現し、3つのウェーブは、解放された空、緑の山林、豊かな海というスタジアムの個性を表現しています。アジアで初開催されるラグビーワールドカップ2019™日本大会の個別のシンボルとして、そして地球を球体の何とも言えない夢と希望と勇気を与えるため開催都市立ち並体し、2015年3月に開催都市に選ばれ、国内12の開催都市の中で、唯一スタジアムを新たに建設しなかった当市は、東日本大震災からの復興を目指す釜石鵜住居復興スタジアムを新たに整備しました。

2004-00-001
いのちをつなぐ未来館　©GKP

第12弾

03-211-C001
623-63-11-3
2020.04

配布場所
いのちをつなぐ未来館

配布場所住所
岩手県釜石市鵜住居町
4丁目901

アジアで初開催された「ラグビーワールドカップ2019™日本大会」の開催都市のひとつに選ばれた釜石市は、東日本大震災からの復興を目指して、「釜石鵜住居復興スタジアム」を新たに整備しました。このマンホール蓋のデザインは、スタジアムを囲む豊かな自然を表現しています。赤い丸は海からの「日の出」、3つのウェーブは「解放された空」「緑の山林」「豊かな海」をイメージしています。

秋田県 **男鹿市**

GET ✓

Lot No.	Lot No.	Lot No.	Lot No.	Lot No.

秋田県
男鹿市
05-206-A001

39°53'02.5"N
139°50'49.9"E

624-64-4-1

デザインの由来

設置開始 1998年　ヤブツバキ

男鹿市の花「ツバキ」を図案化したマンホール蓋です。国の天然記念物に指定を受けている能登山の北側の椿に悲恋の物語が伝えられています。昔、ある船乗りの男が娘と恋に落ちました。男が娘に必ず戻ると約束して旅立ちますが約束の日には戻らず、悲しみにくれた娘は海に身を投げました。遅れて戻ってきた男が娘の死を知り、彼女への土産だったツバキの実を丘に蒔くと、そこはツバキの花で覆われて「能登山」と呼ばれるようになったそうです。

2004-00-001
男鹿市複合観光施設オガーレ　©GKP

第12弾

05-206-A001
624-64-4-1
2020.04

配布場所
「道の駅おが」
男鹿市複合観光施設オガーレ

配布場所住所
秋田県男鹿市船川港船川字
新浜町1-19

男鹿市の花「ツバキ」を図案化したマンホール蓋です。このツバキには、悲恋の物語が伝えられています。昔、ある船乗りの男が娘と恋に落ちました。男は娘と再会を約束して旅立ちますが、約束の日に戻らず、悲しみにくれた娘は海に身を投げました。遅れて戻ってきた男が娘の死を知り、彼女への土産だったツバキの実を丘に蒔くと、そこはツバキの花で覆われて、「能登山」と呼ばれるようになったのです。

茨城県 結城市

Lot No.	Lot No.	Lot No.	Lot No.	Lot No.

デザインの由来

放置開始 2017年
桐下駄 結城紬
まゆげった

市の伝統工芸品「結城紬」「桐下駄」をモチーフにした市公式キャラクター「まゆげった」を使用したデザイン蓋です。太い眉毛は下駄の鼻緒、玉子のような丸い体は絹織物の原料である繭、身に着けているのはもちろん結城紬と桐下駄です。背景には市の花「ユリ」を散りばめています。結城紬は日本最古の歴史を持つ絹織物で、2010年にはユネスコ無形文化遺産に登録されました。

1812-00-001
結城蔵美館

第9弾

08-207-A001
429-97-11-1
2018.12

配布場所
【木曜日以外】結城蔵美館
茨城県結城市大字結城1330
【木曜日】結城市都市建設部下水道課
茨城県結城市大字結城7473
しるくろーど3階

結城市の伝統工芸品「結城紬」「桐下駄」をモチーフにした市公式キャラクター「まゆげった」をデザインしたマンホール蓋です。太い眉毛は下駄の鼻緒、玉子のような丸い体は絹織物の原料である繭、身に着けているのはもちろん結城紬と桐下駄です。背景には市の花「ユリ」を散りばめています。結城紬は日本最古の歴史を持つ絹織物で、2010年にはユネスコ無形文化遺産に登録されました。

栃木県 栃木市

Lot No.	Lot No.	Lot No.	Lot No.	Lot No.

デザインの由来

放置開始 2018年
巴波川と鯉

「コイのいる街・蔵の街」をデザインしました。平成元年にデザイン蓋を登場して以来、市街地の至る所で公式のマンホール蓋に出会えます。下水道整備により街なかを流れる巴波川や県庁堀の水質改善を図り、放流を続けたコイは、最盛期には10万匹になったと言われています。観光名所である巴波川の両岸は、映画やドラマのロケ地などの風景が今でも残り観光名所にとどまらず、映画やドラマのロケ地として蔵の密度集積の和調されからは、巴波川の歴史などの語を聞くことができます。

1812-00-001
栃木市観光協会

第9弾

09-203-A001
430-98-8-1
2018.12

配布場所
一般社団法人栃木市観光協会

配布場所住所
栃木県栃木市倭町14-1

栃木市のマンホール蓋は、「コイのいる街・蔵の街」をテーマに、平成元年にデザインされたものです。「巴波川（うずまがわ）」と「蔵並み」と「錦ゴイ」が描かたこの蓋は、市街地の至る所で目にすることができます。街なかを流れる巴波川や県庁堀の水質改善を図り、放流を続けたコイは、最盛期には10万匹になったと言われています。観光名所である巴波川の両岸は、映画やドラマのロケ地にもなっています。

栃木県 佐野市

GET ✓

Lot No.	Lot No.	Lot No.	Lot No.	Lot No.

栃木県
佐野市
09-204-A001

36°18'59.0"N
139°34'44.8"E

431-99-9-1

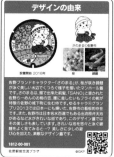

デザインの由来

佐野ブランドキャラクター「さのまる」が、桜が咲き錦鯉が泳ぐ美しい水辺でくつろぐ様子を描いたマンホール蓋です。さのまるは、麺で出来た前髪、「SANO」と書かれた佐野らーめんのお椀の笠、腰に差したいもフライの剣が特徴の、佐野の城下町に住む侍です。

1812-00-001
佐野駅前交流プラザ
©GKP

第9弾

09-204-A001
431-99-9-1
2018.12

配布場所
佐野駅前交流プラザ

配布場所住所
栃木県佐野市若松町
481番地4

佐野市のキャラクター「さのまる」が、桜が咲き錦鯉が泳ぐ美しい水辺でくつろぐ様子を描いたマンホール蓋です。さのまるは、麺で出来た前髪、「SANO」と書かれた佐野らーめんのお椀の笠、腰に差したいもフライの剣が特徴の、佐野の城下町に住む侍です。水がきれいな街・佐野市の池を悠々と泳ぐ錦鯉をよく見てみると……? 美しさに少しの遊び心を加えたデザインになっています。

栃木県 日光市

GET ✓

Lot No.	Lot No.	Lot No.	Lot No.	Lot No.

栃木県
日光市
09-206-B001

NIKKO　おすい

36°44'22.4"N
139°29'34.8"E

432-100-10-2

デザインの由来

中禅寺湖と華厳ノ滝をデザインしたマンホール蓋です。中禅寺湖は約2万年もの昔、男体山の噴火により渓谷がせき止められ、原形ができたといわれています。782年に日光開山の祖、勝道上人が男体山頂から発見し、以降山岳信仰の地として隆盛しました。近年はキャンプ、ボート、ハイキングなどレジャーの場所となっており、特に新緑や紅葉の時期は一際美しい光景を見ることができます。日光の数ある滝の中でも最も有名なのが華厳ノ滝です。滝は97メートルを一気に落下する豪快さと、自然が作り出す造形美の両方をあわせ持つことから「日本三名瀑」のひとつに数えられます。

1812-00-001
栃木県立日光自然博物館
©GKP

第9弾

09-206-B001
432-100-10-2
2018.12

配布場所
栃木県立日光自然博物館
(奥日光インフォメーションセンター)

配布場所住所
栃木県日光市中宮祠2480 1

日光市が誇る「中禅寺湖」と「華厳ノ滝」をデザインしたマンホール蓋です。中禅寺湖は約2万年もの昔、男体山の噴火により渓谷がせき止められ、原形ができたといわれています。782年に日光開山の祖、勝道上人が男体山頂から発見し、以降山岳信仰の地として隆盛しました。華厳ノ滝は、高さ97メートルを一気に落下する豪快さと、自然が作り出す華麗な造形美の両方をあわせ持つことで有名な滝です。

群馬県 渋川市

Lot No.	Lot No.	Lot No.	Lot No.	Lot No.

群馬県
渋川市
10-208-A001

36°29'50.3"N
139°00'20.5"E

デザインの由来

設置開始 2018年

マンホール蓋の丸縁と十字は、渋川市が日本のまんなかに位置していることを表現しています。市町村合併後の旧渋川市で考案したデザインで、市街地を中心に設置されています。「日本のまんなか」は、渋川市が北海道宗谷岬と鹿児島県佐多岬を円で結んだ中心にあることに由来します。
市内には日本のまんなかを象徴する「へそ石」がある辺り7月には、臍に大きな顔を描いたお祭りが繰りめく「渋川へそ祭り」が開催され、「日本のまんなか」（へそのまち）をアピールしています。デザインの背景には、市の花であるアジサイのガクをイメージした模様をちりばめ、華やかさを演出しています。

1812-00-001
しぶかわ名産品センター（しぶさん）

©GKP

第9弾

10-208-A001
433-101-11-1
2018.12

配布場所
渋川市美術館・
桑原巨守彫刻美術館
配布場所住所
群馬県渋川市渋川1901番地24

このマンホール蓋は、丸縁と十字を用いて渋川市が「日本のまんなか」に位置していることを表現しています。「日本のまんなか」は、渋川市が北海道宗谷岬と鹿児島県佐多岬を円で結んだ中心にあることに由来します。背景には市の花であるアジサイのガクをイメージした模様をちりばめ、華やかさを演出しています。この蓋は市町村合併前の旧渋川市で考案されたもので、現在も市街地を中心に設置されています。

群馬県 みどり市

Lot No.	Lot No.	Lot No.	Lot No.	Lot No.

群馬県
みどり市
10-212-A001

36°25'33.7"N
139°16'34.1"E

デザインの由来

設置開始 2018年

みどり市は、平成18年に新田郡笠懸町、山田郡大間々町、勢多郡東村が合併して誕生した。群馬県で49年ぶりに誕生した2番目の新しい市です。市のPRと活性化を図り、下水道をより身近に感じてもらいたいとの想いから新デザインマンホールを製作しました。このデザインは、桐生大学・みどり市連携協力事業の一環として、桐生大学短期大学部アート・デザイン学科の協力のもと、学生からデザインを募集し、決定しました。みどり市の自然と動植物の華やかさが伝わるよう「キク」「カタクリ」、市の鳥である「キジ」をあしらったシンプルで親しみやすいデザインになっています。

1812-00-001
みどり市役所大間々庁舎

©GKP

第9弾

10-212-A001
434-102-12-1
2018.12

配布場所
みどり市役所
【平日】都市計画課（2階）
【休日】大間々市民生活課窓口（1階）
配布場所住所
群馬県みどり市大間々町大間々1511

みどり市は、平成18年に群馬県で12番目に誕生した新しい市です。このマンホール蓋のデザインは桐生大学・みどり市連携協力事業の一環として、桐生大学短期大学部アート・デザイン学科の協力のもと、学生からデザインを募集して決定しました。市の花である「キク」と「カタクリ」、市の鳥である「キジ」をあしらったデザインが、みどり市の自然と動植物の華やかさを伝えています。

埼玉県 草加市

Lot No.	Lot No.	Lot No.	Lot No.	Lot No.

埼玉県
草加市
11-221-B001

35°50'23.5"N
139°48'28.1"E

435-103-30-2

デザインの由来

設置開始 1998年　百代橋　綾瀬川

「百代橋」は国指定名勝「おくのほそ道の風景地」開川の綾瀬川に架かる和風の太鼓形歩道橋です。1986(昭和61)年に完成した和風の太鼓形歩道橋で、東武スカイツリーライン獨協大学前「草加松原」駅から東に抜ける松原文化通りをまたぎ、南北に流れる綾瀬川に沿って、ごく草加松原 草加松原」に由来しています。また「おくのほそ道の風景地 草加松原」にちなむ史跡名勝」に由来しています。

1812-00-001
伝統産業展示室「ぱりっせ」
©GKP

第9弾

11-221-B001
435-103-30-2
2018.12

配布場所
伝統産業展示室『ぱりっせ』

配布場所住所
埼玉県草加市松江一丁目
1番5号

草加市のマンホール蓋にデザインされた「百代橋」は国指定名勝「おくのほそ道の風景地　草加松原」に架かる、市のシンボルになっている橋です。これは1986(昭和61)年に完成した和風の太鼓形歩道橋で、東武スカイツリーライン獨協大学前「草加松原」駅から東に抜ける松原文化通りをまたぎ、南北に流れる綾瀬川に沿って、草加松原に至るまでの道程をつないでいます。

埼玉県 北本市

Lot No.	Lot No.	Lot No.	Lot No.	Lot No.

埼玉県
北本市
11-233-A001

36°01'57.8"N
139°32'00.6"E

436-104-31-1

デザインの由来

設置開始 1989年　城ヶ谷堤　石戸蒲ザクラ

北本市のマンホール蓋は、「桜」をデザインしたものです。「桜」は、昭和52年に市の木として制定され、開花の時期になると、市内の所々で、春の訪れを感じさせてくれます。なかでも日本五大桜の名木一つで、国の天然記念物に指定され、源範頼(みなもとののりより)の伝説にも名高い「石戸蒲ザクラ」をはじめ、桜並木が見事な「城ヶ谷堤(じょうがやづつみ)」や全国から30種約200本の桜を集めた「高尾さくら公園」などの、桜の名所があります。このカラー蓋は、まだないので、この先どこに設置されるか検討しています。ぜひ探してみてください。

1812-00-001
北本市役所2階　下水道課窓口
©GKP

第9弾

11-233-A001
436-104-31-1
2018.12

配布場所
北本市役所
【平日】下水道課(2階)
【休日】警備室(1階)

配布場所住所
埼玉県北本市本町1-111

北本市のマンホール蓋は、昭和52年に市の木として制定された「桜」をデザインしたものです。市内には、日本五大桜の名木の一つで、国の天然記念物に指定され、源範頼(みなもとののりより)の伝説にも名高い「石戸蒲ザクラ」をはじめ、桜並木が見事な「城ヶ谷堤(じょうがやづつみ)」や、全国から30種約200本の桜を集めた「高尾さくら公園」などの名所があります。

埼玉県 三郷市

Lot No.	Lot No.	Lot No.	Lot No.	Lot No.

埼玉県
三郷市
11-237-A001

35°51'31.2"N
139°52'07.0"E

デザインの由来

第9弾

11-237-A001
437-105-32-1
2018.12

配布場所
ららほっとみさと
配布場所住所
埼玉県三郷市新三郷ららシティ
3丁目1-1 ららぽーと新三郷館内
(南モール1F)

三郷市のマンホール蓋のデザインは、市の鳥「かい
つぶり」をモチーフにしたマスコットキャラクター
「かいちゃん＆つぶちゃん」が、なかよく本を読んで
いるところを表しています。三郷市は2013年に「日
本一の読書のまち」を宣言しました。読書を通して
人と人が絆を深め、誰もがいつでも読書に親しみ、
心豊かに暮らすことができる、文化のかおり高い街
を創ることを目指しています。

千葉県 野田市

Lot No.	Lot No.	Lot No.	Lot No.	Lot No.

千葉県
野田市
12-208-A001

35°57'24.2"N
139°52'20.2"E

デザインの由来

第9弾

12-208-A001
438-106-11-1
2018.12

配布場所
野田市役所
【平日】土木部下水道課
【休日】守衛室
配布場所住所
千葉県野田市鶴奉7番地の1

野田市のマンホール蓋のデザインは、野田市の木
「けやき」、花「つつじ」、鳥「ひばり」をモチーフにし
ています。けやきは根を広く張って天高く伸びるこ
とから、市の成長をイメージさせます。つつじは誰
にでも親しまれる家庭的な花で、色の鮮やかさ群生
の美しさで多くの市民に親しまれています。ひばり
のさえずる声は明るく軽やかで、翼を広げて天高く
飛ぶ様が市の発展を象徴しています。

千葉県 流山市

Lot No.	Lot No.	Lot No.	Lot No.	Lot No.

千葉県
流山市
12-220-A001

デザインの由来

オオタカ

つくばエクスプレス

設置開始 2018年

2018年、流山市では「オオタカ」を市の鳥に制定したことに伴い、市の鳥「オオタカ」、市の花「ツツジ」及び「つくばエクスプレスの車両」を1枚の面にデザインしました。流山市では、千葉県内で初めてオオタカの繁殖が公表されており、以降、市内数ヶ所でオオタカの営巣・生息が確認されており、「オオタカがすむ森のまちを子どもたちの未来へ」とし、オオタカを流山市の自然環境の象徴的な存在としています。また、2005年のつくばエクスプレス開業と、それに伴う市街地の発展等により、計画的に整備された住宅地には子育て世代が多く移り住み、市の発展を牽引しています。

1812-000-001
流山市上下水道局
©GKP

第9弾

12-220-A001
439-107-12-1
2018.12

配布場所
流山おおたかの森
駅前観光情報センター
（スターツおおたかの森ホール2階）
配布場所住所
千葉県流山市おおたかの森北1-2-1

35°52'18.1"N
139°55'31.5"E

2018年、流山市では「オオタカ」を市の鳥に制定したことに伴い、市の鳥「オオタカ」、市の花「ツツジ」及び「つくばエクスプレスの車両」をマンホール蓋にデザインしました。流山市では千葉県内で初めてオオタカの繁殖が公表され、市内数ヶ所でオオタカの営巣・生息が確認されています。「オオタカがすむ森のまちを子どもたちの未来へ」をスローガンに、オオタカを流山市の自然環境の象徴としています。

東京都 東京23区

Lot No.	Lot No.	Lot No.	Lot No.	Lot No.

東京都
東京23区
13-100-E001

わ！
しながわ

デザインの由来

しながわ観光大使「シナモロール」

大井町駅前イルミネーション

設置開始 2018年

しながわ観光大使「シナモロール」をデザインしたマンホール蓋です。「シナモロール」とはシッポがシナモンロールのようにくるくると巻いている子犬の男の子で、品川区公認の観光大使として、しながわ観光の魅力を発信してくれています。「わ！しながわ」とは、伝統が息づく暮らしと都心の魅力が共存する品川区の素顔を全国に発信する「品川区シティプロモーション」のキャッチフレーズで、歴史に由来する各所旧跡や100を超える商店街など、知る知るほど意外な魅力にしながわ観光大使「シナモロール」と一緒に触れてみてください。

1812-000-001
しながわ観光協会
©GKP

第9弾

13-100-E001
440-108-18-5
2018.12

配布場所
しながわ観光協会
配布場所住所
東京都品川区大井1-14-1
大井1丁目共同ビル1階

35°36'25.1"N
139°44'03.9"E

しながわ観光大使「シナモロール」をデザインしたマンホール蓋です。「シナモロール」とはシッポがシナモンロールのようにくるくると巻いている子犬の男の子で、品川区公認の観光大使として、しながわ観光の魅力を発信しています。「わ！しながわ」とは、伝統が息づく暮らしと都心の魅力が共存する品川区の素顔を全国に発信する「品川区シティプロモーション」のキャッチフレーズです。

神奈川県 相模原市

Lot No.	Lot No.	Lot No.	Lot No.	Lot No.

神奈川県
相模原市
14-150-B001

35°36'45.5"N
139°12'58.2"E

デザインの由来

設置開始 1997年

このマンホール蓋には「相模ダム」「相模湖大橋」「桂」「山ゆり」「オシドリ」が描かれています。相模ダムは、昭和22年に完成した多目的ダムで、神奈川県の重要な水源である相模湖を形成しており、相模湖大橋は相模湖にかかる桂川などの橋100選にも選ばれています。桂は京都に由来する桂川や桂北などの地域の地名に多く自生していることから、オシドリは相模湖に飛来することから、それぞれ相模湖町の木、花、鳥に選ばれたことから言われています。この蓋は相模湖町の公共下水道の供用開始を記念して作られ、相模湖町地域の1箇所に設置されました。

1812-00-001
相模湖観光案内所

第9弾

14-150-B001
441-109-14-2
2018.12

配布場所
相模湖観光案内所
配布場所住所
神奈川県相模原市緑区与瀬
1183

相模原市のマンホール蓋には「相模ダム」「相模湖大橋」「桂」「山ゆり」「オシドリ」が描かれています。相模ダムは、神奈川県の重要な水源である相模湖を形成しており、相模湖大橋は相模湖にかかる桂川などの橋100選にも選ばれています。桂は京都に由来する桂川や桂北などの地域の地名から、山ゆりは周辺に多く自生していることから、オシドリは相模湖に飛来することから、それぞれ相模湖町の木、花、鳥に選ばれました。

茨城県 日立市

Lot No.	Lot No.	Lot No.	Lot No.	Lot No.

茨城県
日立市
08-202-A001

36°35'28.8"N
140°39'40.2"E

デザインの由来

設置開始 2018年

この蓋は「日立風流物」、市の花「さくら」、市の鳥「ウミウ」をモチーフに制作したものです。ユネスコ無形文化遺産に登録されている「日立風流物」は、5層仕立ての山車の各段でからくり人形芝居が演じられています。毎年春に開催される「さくらまつり」では、日本さくら名所100選に選ばれている約1kmの桜のトンネルとともに、その美しさ・華やかさが評判を呼んでいます。また、本市は全国でただ一つのウミウの捕獲・供給地であり、11か所の観察所へ供給しています。その色彩豊かなものとなっており、一枚の蓋で本市の恵まれた自然や特色が表現されています。

1908-00-001
日立市役所 下水道課

第10弾

08-202-A001
492-110-12-1
2019.08

配布場所
【平日】日立市役所 下水道課
茨城県日立市助川町1-1-1
【休日】ぷらっとひたち
(日立駅情報交流プラザ)
茨城県日立市幸町1-1-2
(日立駅中央口北側)

文化財「日立風流物」、市の花「さくら」、市の鳥「ウミウ」をモチーフに制作したマンホール蓋です。ユネスコ無形文化遺産に登録されている「日立風流物」は、5層仕立ての山車の各段でからくり人形芝居が演じられます。毎年春に開催される「さくらまつり」は、「日本さくら名所100選」にも選ばれている平和通りの約1kmの桜のトンネルとともに、その美しさ・華やかさが評判を呼んでいます。

茨城県 龍ケ崎市

Lot No.	Lot No.	Lot No.	Lot No.	Lot No.

デザインの由来

設置開始: 1989年　マツ　キキョウ　ハクチョウ

龍ケ崎市の牛久沼の背景に筑波山をデザインし、龍ケ崎市のシンボルである市の木「松」・花「桔梗」・鳥「白鳥」を盛り込み制作されたマンホール蓋です。牛久沼は、全域が龍ケ崎市にあるうな丼発祥の地といわれています。冬には白鳥が飛来し、水面を優雅に泳ぎます。そのまばゆいばかりの純白の姿は、あたたかい市民の心を象徴しています。下部にある「汚」の字は、当時の市長の自筆によるものです。

1908-00-001
龍ケ崎市役所 都市整備部下水道課　©GKP

第10弾

08-208-A001
493-111-13-1
2019.08

配布場所
【平日】龍ケ崎市役所　都市整備部下水道課
茨城県龍ケ崎市3710番地
【休日】龍ケ崎市役所　市民生活部市民窓口課
市民窓口ステーション
茨城県龍ケ崎市小柴5丁目1番地2
ショッピングセンターサプラ モール内1階

龍ケ崎市にある牛久沼の背景に筑波山をデザインし、龍ケ崎市のシンボルである市の木「松」、花「桔梗」、鳥「白鳥」を盛り込んだマンホール蓋です。牛久沼は、全域が龍ケ崎市にある沼で、うな丼発祥の地といわれています。冬には白鳥が飛来し、水面を優雅に泳ぎます。そのまばゆいばかりの純白の姿は、あたたかい市民の心を象徴しています。下部にある「汚」の字は、当時の市長の自筆によるものです。

茨城県 那珂市

Lot No.	Lot No.	Lot No.	Lot No.	Lot No.

デザインの由来

設置開始: 2019年　ひまわり

市の花である「ひまわり」の花を描いたマンホール蓋で、旧那珂町で設置しているデザインです。太陽に向かって咲くひまわりは、夏を象徴する太陽の花とも言われ、花の形は市民の和を表すとともに、明るく元気なイメージが那珂市のまちづくりを象徴しています。毎年8月には、夏の一大イベントである「ひまわりフェスティバル」が開催され、会場周辺には25万本ものひまわりが咲き誇ります。まわりに咲き乱れをつくられ、毎年多くの人たちでにぎわいます。約4haの第一面に広がるひまわりを見晴台から見下ろす黄色の絨毯、緑とのコラボは必見な壮大な光景となっています。

1908-00-001
那珂市曲がり屋　©GKP

第10弾

08-226-A001
494-112-14-1
2019.08

配布場所
那珂市曲がり屋

配布場所住所
茨城県那珂市菅谷4520-1
(一ノ関ため池親水公園)

那珂市の花である「ひまわり」の花を描いた、旧那珂町に設置されているマンホール蓋です。太陽に向かって咲くひまわりは、夏を象徴する太陽の花とも言われており、丸い花の形は市民の和を表すとともに、明るく元気な那珂市のまちづくりを象徴しています。毎年8月には、夏の一大イベントである「ひまわりフェスティバル」が開催され、会場周辺には25万本ものひまわりが咲き誇ります。

茨城県 鉾田市

Lot No. | Lot No. | Lot No. | Lot No. | Lot No.

デザインの由来

第10弾

08-234-A001
495-113-15-1
2019.08

配布場所
鉾田市役所本庁舎1F
市民課窓口

配布場所住所
茨城県鉾田市鉾田1444番地1

このマンホール蓋の背景色になっている清々しい青は、ラムサール条約湿地に登録された湖沼「涸沼」、太平洋「鹿島灘」、霞ヶ浦「北浦」という、鉾田市を囲む水辺をイメージしています。それを市の花「ヒマワリ」、市の木「サクラ」、市の鳥「ウグイス」が飾り、朝日が昇る様子をモチーフとした「市章」を中央に据えています。これらは次世代へ残すべき美しい環境(台地・湖・海)の象徴となっています。

36°09'31.5"N
140°30'57.1"E

栃木県 宇都宮市

Lot No. | Lot No. | Lot No. | Lot No. | Lot No.

デザインの由来

第10弾

09-201-B001
496-114-11-2
2019.08

配布場所
宇都宮市観光案内所

配布場所住所
栃木県宇都宮市川向町1-23

「餃子の街 宇都宮」の中心部・宮島町にあり、老舗餃子店などが立ち並ぶ「餃子通り」に設置されたマンホール蓋です。レトロな街並みに馴染むよう、餃子の皮の色を基調としたシンプルな配色と、昔ながらの手包み製法を感じさせる"ひだ"のデザインが特徴です。さらに、アクセントとして1つだけ色づく餃子が、宇都宮の餃子の美しい焼き上がりや香ばしさ、凝縮された旨味などを表現しています。

36°33'41.9"N
139°53'19.1"E

栃木県 鹿沼市

Lot No.	Lot No.	Lot No.	Lot No.	Lot No.

第10弾

09-205-A001
497-115-12-1
2019.08

配布場所
まちの駅　新・鹿沼宿

配布場所住所
栃木県鹿沼市仲町1604-1

鹿沼市のマンホール蓋は、絢爛豪華な彫刻屋台が街を巡行する「鹿沼秋まつり」を中心に描き、その周りに伝統的な木工技術である「鹿沼組子」を縁取ったデザインになっています。江戸時代から受け継がれてきた鹿沼秋まつりは、華麗な彫刻屋台や囃子の競演「ぶっつけ」が見もので、多くの人々を楽しませています。2016年には「鹿沼今宮神社祭の屋台行事」がユネスコ無形文化遺産に登録されました。

群馬県 渋川市

Lot No.	Lot No.	Lot No.	Lot No.

第10弾

10-208-B001
498-116-13-2
2019.08

配布場所
伊香保ロープウェイ
不如帰駅観光案内所

配布場所住所
群馬県渋川市伊香保町
伊香保558番地1

上毛三名湯のひとつ「伊香保温泉」のシンボル「石段街の風情」をデザインしたマンホール蓋です。この「石段街」は、戦国時代に長篠の戦いで傷ついた兵を癒やすため、武田勝頼が当時の温泉街から湯を引き、温泉街として整備したものです。この時、引いてきた温泉を効率的に宿に分配するため、計画的に町並みが造られました。伊香保神社まで続くその石段の段数は、365段を数えます。

埼玉県 熊谷市

埼玉県
熊谷市

11-202-B001

デザインの由来

グライダー　ニャオざね

敷置開始 2019年　　ラグビー

「ラグビーワールドカップ2019日本大会の開催を記念して作成しました。熊谷市ラグビー場はラグビー専用グラウンドとして、数々の名勝負の舞台となっています。中央には、熊谷市のマスコットキャラクター「ニャオざね」がラガーマンとなって大勢の観客の声援を受け、見事にトライを狙っているところを表現しました。また、ゴールポストの上空には、滞空時間・飛行回数日本一の妻沼グライダー滑空場から飛び立ったグライダーが優雅に旋回しています。これらの躍動感ある図案をデザインにすることで、多くの方々に「ラグビータウン」熊谷という魅力のある姿を知っていただきます。

1908-00-001
一般社団法人 熊谷市観光協会　　©GKP

第10弾

11-202-B001
499-117-33-2
2019.08

配布場所
【平日】熊谷市観光協会
埼玉県熊谷市宮町二丁目95番地
【休日】熊谷市役所警備員室
埼玉県熊谷市宮町二丁目
47番地1

「ラグビーワールドカップ2019日本大会」の開催を記念して作られたマンホール蓋です。中央では、熊谷市のマスコットキャラクター「ニャオざね」がラガーマンとなって大勢の観客の声援を受け、見事にトライを決める様子が表現されています。また、ゴールポストの上空には、滞空時間・飛行回数日本一の妻沼グライダー滑空場から飛び立ったグライダーが優雅に旋回しています。

36°08'44.2"N
139°23'30.8"E

埼玉県 本庄市

埼玉県
本庄市

11-211-A001

デザインの由来

トゲウオ

敷置開始 2018年　　さくら

本庄市は、トゲウオが生息できるような「清流をとりもどそう」をスローガンに公共下水道を推進しています。このマンホール蓋は、市内から見ることのできる坂東大橋や赤城山を背景に川の中を泳ぐトゲウオを描き、市内にある若泉公園や小山川沿いの千本桜の花を周りに配しています。左下には本庄市で発掘された「盾持人物埴輪」をモチーフに生まれた本庄市マスコット「はにぽん」が下水道の普及促進をPRしています。「本庄市を囲う雄大な自然を大切にしていこう」という思いを込めています。

1908-00-002
本庄市役所庁舎 下水道課　　©GKP

第10弾

11-211-A001
500-118-34-1
2019.08

配布場所
【平日】本庄市役所 庁舎下水道課
【休日】本庄市役所 休日窓口
配布場所住所
埼玉県本庄市本庄3-5-3

本庄市のマンホール蓋は、市内から見ることのできる「坂東大橋」や「赤城山」を背景に、川の中を泳ぐ「トゲウオ」を中心に描き、周りに「若泉公園」や小山川沿いの千本桜の花を配しています。左下には本庄市で発掘された「盾持人物埴輪」をモチーフに生まれたマスコット「はにぽん」が下水道の普及をPR。「本庄市を囲う雄大な自然を大切にしていこう」という思いが込められたデザインです。

36°13'11.4"N
139°10'46.0"E

埼玉県 伊奈町

Lot No.	Lot No.	Lot No.	Lot No.	Lot No.

埼玉県
伊奈町
11-301-A001

35°59'56.8"N
139°37'25.3"E

デザインの由来

設置開始 2019年

町制施行50周年事業を契機に、下水道の理解促進のため、町名の由来である伊奈備前守忠次をマンホール蓋のデザインに取り入れました。伊奈忠次は天文19年（1550）三河国に生まれ、徳川家康の下で五ヵ国総検地などの民政において才能を発揮し、重用されました。天正18年（1590）、武蔵国足立郡小室及び鴻巣領1万3千石を与えられ、小室に築いた陣屋を拠点に、徳川家の関東支配の基礎作りに多大な貢献をした重要人物です。

1908-00-001
伊奈町上下水道庁舎 ©GKP

第10弾

11-301-A001
501-119-35-1
2019.08

配布場所
①伊奈町上下水道庁舎
　埼玉県北足立郡伊奈町大字小室5048
②伊奈町総合センター
　埼玉県北足立郡伊奈町大字小室5161

伊奈町の町名の由来である、伊奈備前守忠次をデザインに取り入れたマンホール蓋です。伊奈忠次は天文19年（1550）三河国に生まれ、徳川家康の下で五ヵ国総検地などの民政において才能を発揮し、重用されました。天正18年（1590）、武蔵国足立郡小室及び鴻巣領1万3千石を与えられ、小室に築いた陣屋を拠点に、徳川家の関東支配の基礎作りに多大な貢献をした重要人物です。

千葉県 木更津市

Lot No.	Lot No.	Lot No.	Lot No.	Lot No.

千葉県
木更津市
12-206-A001

35°22'54.1"N
139°55'30.9"E

デザインの由来

設置開始 1969年

木更津市のマンホール蓋は、童謡「証城寺の狸ばやし」でおなじみの歌詞と狸のデザインを平成元年から採用しています。野口雨情が、證誠寺に伝わる「狸ばやしの伝説」を元に作詞し、中山晋平が曲を付け、大正14年に「証城寺の狸ばやし」として誕生しました。表中では子供たちによる「證誠寺の狸祭り」が開催されるとともに、木更津駅の発車メロディにも使われています。

1908-00-001
木更津市観光案内所 ©GKP

第10弾

12-206-A001
502-120-13-1
2019.08

配布場所
木更津市観光案内所

配布場所住所
千葉県木更津市富士見1丁目2番1号

木更津市のマンホール蓋は、童謡「証城寺の狸ばやし」でおなじみの歌詞と狸の親子をモチーフにデザインされています。この童謡は、野口雨情が、證誠寺に伝わる「狸ばやしの伝説」を元に作詞し、中山晋平が曲を付け、大正14年に「証城寺の狸ばやし」として誕生しました。現在では、子供たちによる「證誠寺の狸祭り」が開催されるとともに、木更津駅の発車メロディにも使われています。

千葉県 松戸市

Lot No.	Lot No.	Lot No.	Lot No.	Lot No.

千葉県
松戸市
12-207-A001

35°47'06.2"N
139°53'51.7"E

デザインの由来

この絵柄は「江戸川と矢切の渡し」の風景をデザインしたものです。松戸市は千葉県の北西部に位置し、江戸川を挟んで東京都と埼玉県に接しています。江戸川は古くから人々に親しまれている憩いの場です。矢切の渡しは、市制の魅力創造であり、江戸時代初期に徳川幕府によって始められてから、約400年後の今も続く江戸川で唯一の渡し舟です。1993年(平成5年)に市制施行50周年を超えたことを記念して「江戸川と矢切の渡し」をモチーフにしたデザインのマンホールが誕生しました。ぜひ、歌まめる手漕ぎの渡し舟に乗って、水辺からの風景を堪能してみてください。

松戸観光案内所

第10弾

12-207-A001
503-121-14-1
2019.08

配布場所
松戸観光案内所

配布場所住所
千葉県松戸市本町7-3

1993年(平成5年)に市制施行50周年を迎えたことを記念して生まれた、「江戸川と矢切の渡し」の風景をデザインしたマンホール蓋です。松戸市は千葉県の北西部に位置し、江戸川を挟んで東京都と埼玉県に接しています。江戸川は古くから人々に親しまれている憩いの場です。矢切の渡しは、江戸時代初期に徳川幕府によって始められて以来、約400年後の今も続く江戸川で唯一の渡し舟です。

東京都 調布市

Lot No.	Lot No.	Lot No.	Lot No.	Lot No.

東京都
調布市
13-208-A001

妖怪も人間も
マナーが大事じゃ

はい
お父さん

35°39'09.5"N
139°32'37.0"E

デザインの由来

昭和34年から在住していた名誉市民・故水木しげる氏の代表作『ゲゲゲの鬼太郎』をモチーフにしたマンホール蓋です。鬼太郎や一反もめんたちが放置自転車禁止などのマナー向上を呼びかけているマンホール蓋は、調布駅北側に6種類あり、調布駅前整備の一環で平成28年3月に設置されました。駅周辺には「鬼太郎ひろば」もあり、天神通り商店街では、随所に鬼太郎と仲間たちのオブジェが置かれています。市内最寄りマンホールのキャラクターとの出会いもお楽しみください。

調布市役所

第10弾

13-208-A001
504-122-19-1
2019.08

配布場所
【平日】市役所本庁舎2階総合案内所
東京都調布市小島町2-35-1
調布市役所本庁舎2階
【休日】調布市観光案内所
「ぬくもりステーション」
東京都調布市布田4-1 調布駅前広場

昭和34年から在住していた名誉市民・故水木しげる氏の代表作『ゲゲゲの鬼太郎』をモチーフにしたマンホール蓋です。鬼太郎や一反もめんたちが放置自転車禁止などのマナー向上を呼びかけているマンホール蓋は、調布駅北側に6種類あり、調布駅前整備の一環で平成28年3月に設置されました。駅周辺には「鬼太郎ひろば」もあり、天神通り商店街では、随所に鬼太郎と仲間たちのオブジェが置かれています。

東京都 町田市

東京都
町田市
13-209-A001

35°32'49.9"N
139°26'20.3"E

デザインの由来

カワセミ

サルビア

設置開始 2018年

学生からの公募により、2018年に誕生したマンホール蓋です。「愛あふれる町田」をテーマに、「町田」に含まれる「田」の形を区切りとして、市の鳥であるカワセミのつがいと「家族愛」の花言葉を持つ町の花サルビアが描かれています。背後を流れる川は、多摩丘陵の源流都市である町田市の自然豊かな様子を表現しています。ところで、このデザインには「田」の字以外にもういつ、文字が隠されています。中央に配置された市章は、平和と発展のしるしである鳥の形ですが、よく見ると町田の「マ」の字を2つ使って描かれているんです。皆さん、お気づきになりましたか？

1908-00-001
町田市役所
©GKP

第10弾

13-209-A001
505-123-20-1
2019.08

配布場所
町田市役所
【平日】下水道部下水道経営総務課
【土日・祝日】警備員室
配布場所住所
東京都町田市森野2-2-22

「愛あふれる町田」をテーマに、「町田」に含まれる「田」の形を区切りとして、市の鳥であるカワセミのつがいと「家族愛」の花言葉を持つ市の花「サルビア」が描かれたマンホール蓋です。背後を流れる川は、多摩丘陵の源流都市である町田市の自然豊かな様子を表現しています。中央に配置された市章は、平和と発展のしるしである鳥の形ですが、よく見ると町田の「マ」の字を2つ使ってデザインされています。

東京都 日野市

東京都
日野市
13-212-A001

35°40'44.9"N
139°23'38.2"E

デザインの由来

土方歳三

設置開始 2019年

「新選組のふるさと」日野市。新選組副長・土方歳三は1835年、武蔵国多摩郡石田村（現東京都日野市石田）で生まれました。現在の日野宿本陣にあった天然理心流の剣術道場で、歳三は近藤勇、沖田総司ら後の新選組の主要メンバーと出会い、ともに稽古に汗を流しました。その後、京都で新選組を結成し反幕府勢力を取り締まりましたが、大政奉還は果たせなく討幕軍と戦い、1869年、箱館（函館）で最期の時を迎え武士の本懐を遂げました。その功績を讃え、2019年は土方歳三没後150年プロモーションを実施し、記念マンホール蓋を設置しました。

1908-00-001
日野市役所
©GKP

第10弾

13-212-A001
506-124-21-1
2019.08

配布場所
【平日】日野市役所　本庁舎3階
環境共生部下水道課
東京都日野市神明1-12-1
【休日】
日野市立新選組のふるさと歴史館
東京都日野市神明4-16-1

「新選組のふるさと」日野市。このマンホール蓋は2019年の土方歳三没後150年プロモーションの一環として設置されたものです。新選組副長・土方歳三は1835年、武蔵国多摩郡石田村（現東京都日野市石田）で生まれました。現在の日野宿本陣にあった天然理心流の剣術道場で、歳三は近藤勇、沖田総司ら後の新選組の主要メンバーと出会い、ともに稽古に汗を流した後、京都で新選組を結成しました。

神奈川県　横浜市

神奈川県
横浜市

14-000-D001

35°26'50.1"N
139°38'39.8"E

507-125-15-4

デザインの由来

YOKOHAMA

かばのだいちゃん

設置開始：2019年

みなとみらい21地区

横浜市環境創造局水環境キャラクター「かばのだいちゃん」と、「みなとみらい21地区」を描いたこのマンホール蓋です。「かばのだいちゃん」は、水に関わりの深い動物で、口が大きく愛嬌のある「かば」に由来し、1981年(昭和56年)4月1日に誕生しました。「みなとみらい21地区」は、高水準のインフラが整備され、歴史やウォーターフロントの景観を活かした街並みを形成する、横浜を代表する街として成長を続けています。このマンホール蓋は、明治時代のレンガづくり卵形管が展示されている開港広場公園内に設置されており、横浜の下水道の歴史を感じることができます。

1908-00-001
桜木町 観光案内所

第10弾

14-000-D001
507-125-15-4
2019.08

配布場所
桜木町駅観光案内所

配布場所住所
神奈川県横浜市中区桜木町
1-1(JR桜木町駅 南改札正面)

横浜市環境創造局水環境キャラクター「かばのだいちゃん」と、「みなとみらい21地区」を描いたこのマンホール蓋は、明治時代のレンガづくり卵形管が展示されている開港広場公園内に設置されています。「かばのだいちゃん」は、口が大きく愛嬌のある「かば」に由来します。高水準のインフラが整備された「みなとみらい21地区」は、歴史やウォーターフロントの景観を活かした街並みを形成してるのが特徴です。

神奈川県　藤沢市

Lot No. | Lot No. | Lot No. | Lot No. | Lot No.

神奈川県
藤沢市

14-205-A001

いつりふ

35°20'17.0"N
139°26'49.2"E

508-126-16-1

デザインの由来

設置開始：2018年

フジの花

このマンホール蓋は、市の花「フジ」をモチーフにして、新しい街づくりに合わせて、新たに色付けをしました。4月から5月にかけて美しい紫色の花を咲かせるフジは藤沢市民にとってなじみ深い紫で、市内の公園には多くの藤棚があります。藤沢市の下水の排除方式は、汚水と雨水を同一の管渠で排除して処理する合流式と、別々に排除して処理する分流式があります。合流式と分流式の雨水管のマンホール蓋にはフジが描かれていますが、分流式の汚水管のマンホール蓋には、市の木クロマツが描かれています。

1908-00-001
藤澤浮世絵館

第10弾

14-205-A001
508-126-16-1
2019.08

配布場所
藤澤浮世絵館

配布場所住所
神奈川県藤沢市辻堂神台二丁目
2番2号 ココテラス湘南7階

このマンホール蓋は、藤沢市の花「フジ」をモチーフにして、新しい街づくりに合わせて、新たに色付けをして作製されました。藤沢市の下水の排除方式は、汚水と雨水を同一の管渠で排除して処理する「合流式」と、別々に排除して処理する「分流式」があります。合流式と分流式の雨水管のマンホール蓋にはフジが描かれていますが、分流式の汚水管のマンホール蓋は、市の木「クロマツ」が描かれています。

神奈川県 大和市

Lot No.	Lot No.	Lot No.	Lot No.	Lot No.

神奈川県
大和市
14-213-A001

泉の森

やまとし ごうりゅう14

35°28'10.4"N
139°27'53.1"E

デザインの由来

設置開始 2019年

オナガ

大和は2019年2月に市政60周年を迎えました。マンホール蓋にデザインされている「泉の森」は、樹林地と水辺空間が特色ある生態系を形づくり、約900種の植物や約50種の野鳥をはじめ、様々な生き物たちが生息しやすい環境を育んでおり、自然観察に遊び心や小川橋にあるｵﾅｶﾞ等、全長53ｍの木製斜張橋である「緑のかけ橋」などがあり、とても趣深い印象を与えています。市を含めるｵﾅｶﾞは尾が長く『ﾔﾏﾄﾉﾃｻｻｷ』といい、羽色も優美で、尾を広げて飛び立つ姿が本市の将来へ向けての飛翔をイメージさせることから、本市のｼﾝﾎﾞﾙ鳥です。

1908-00-002
大和市下水道経営課
©GKP

第10弾

14-213-A001
509-127-17-1
2019.08

配布場所
大和市イベント観光協会

配布場所住所
神奈川県大和市大和南1-8-1
文化創造拠点シリウス2階

2019年2月に市政60周年を迎えた大和市のマンホール蓋にデザインされている「泉の森」は、樹林地と水辺空間が特色ある生態系を形づくり、約900種の植物や約50種の野鳥をはじめ、様々な生き物たちが生息しやすい環境を育んでおり、自然観察に最適な場所です。園内には「水車小屋」や全長53mの木製斜張橋である「緑のかけ橋」などがあり、趣深い印象を与えています。

神奈川県 座間市

Lot No.	Lot No.	Lot No.	Lot No.	Lot No.

神奈川県
座間市
14-216-A001

ざまし おうすい

35°29'18.3"N
139°24'28.6"E

デザインの由来

市の花「ヒマワリ」

ひまわりまつり

平成元年に市に導入された、市の花「ヒマワリ」がデザインされたマンホール蓋です。昭和44年に市の花として制定されたヒマワリの枝葉は、たくましく発展を続ける市を、大輪の花は、市民が手を取り合って明るく健康なまちづくりを目指す姿を象徴しています。座間市では遊休農地の荒廃対策の一環として農協を中心にヒマワリの植栽が始まり、平成7年には「かながわ花の名所100選」に選ばれ、座間のヒマワリが広く知られるようになりました。現在、毎年夏には首都圏最大の規模を誇る55万本のヒマワリが一面に広がる「ひまわりまつり」を開催しています。

1908-00-001
座間市下水道経営庁舎
©GKP

第10弾

14-216-A001
510-128-18-1
2019.08

配布場所
座間市上下水道局庁舎1階
水道料金お客様センター

配布場所住所
神奈川県座間市緑ケ丘
一丁目3番1号

座間市の花「ヒマワリ」がデザインされたマンホール蓋です。昭和44年に市の花に制定されたヒマワリの枝葉の深緑は、たくましく発展を続ける市を、大輪の花は、市民が手を取り合って明るく健康なまちづくりを目指す姿を象徴しています。座間市では遊休農地の荒廃対策の一環として農協を中心にヒマワリの植栽が始まり、平成7年には「かながわ花の名所100選」にも選ばれました。

茨城県 北茨城市

Lot No.	Lot No.	Lot No.	Lot No.	Lot No.

茨城県
北茨城市
08-215-A001

36°47'29.1"N
140°44'31.9"E

558-129-16-1

デザインの由来

設置開始 1997年　　六角堂

北茨城市は、茨城県最北端に位置する太平洋に面したまちです。観光業が盛んなことから、マンホール蓋の意匠に、市を代表する景勝地「五浦海岸」を背景に、名所「六角堂(観瀾亭)」と市の鳥「かもめ」、木「松」、花「シャクナゲ」が描いてあります。「六角堂」は、明治時代の思想家であり近代日本美術の発展に大きな功績を残した岡倉天心が自ら設計し建築した建物で、最新に広がる太平洋と天心の居室が一体に調和するかたちで、2014年3月1日に国の登録記念物(名勝地関係及び遺跡関係)に登録されています。

1912-00-001
北茨城市役所 　　　　©GKP

第11弾

08-215-A001
558-129-16-1
2019.12

配布場所
【平日】北茨城市役所　下水道課
【土曜・祝日】北茨城市役所　守衛室
【日曜日】北茨城市役所　市民課

配布場所住所
茨城県北茨城市磯原町磯原1630

観光業が盛んな北茨城市のマンホール蓋には、市を代表する景勝地「五浦海岸」を背景に、名所「六角堂(観瀾亭)」と市の鳥「かもめ」、木「松」、花「シャクナゲ」が描いてあります。「六角堂」は、明治時代の思想家であり近代日本美術の発展に大きな功績を残した岡倉天心が自ら設計し建築した建物で、2014年3月に国の登録記念物(名勝地関係及び遺跡関係)に登録されています。

茨城県 筑西市

Lot No.	Lot No.	Lot No.	Lot No.	Lot No.

茨城県
筑西市
08-227-A001

CHIKUSEI
ちくせい　　げすいどう

36°18'16.9"N
139°58'43.0"E

559-130-17-1

デザインの由来

設置開始 2019年

筑西市マスコットキャラクター「ちっくん」をデザインしたマンホール蓋です。ちっくんの帽子は、市の由来になった名峰・筑波山と河川に育まれた豊かな自然を表し、特産品の「梨」「いちご」と市の花「コスモス」の飾りがついています。丸いおなかは生産量全国一の「こだますいか」がモチーフです。ちっくんの背景には、筑西市自慢の絶景、筑波山をバックに咲く満開のひまわりが描かれています。

1912-00-001
筑西市役所 　　　　©GKP

第11弾

08-227-A001
559-130-17-1
2019.12

配布場所
筑西市役所
【平日】上下水道部下水道課
【休日】1階総合案内

配布場所住所
茨城県筑西市丙360番地

筑西市のマスコットキャラクター「ちっくん」をデザインしたマンホール蓋です。ちっくんの帽子は、市名の由来になった名峰・筑波山と河川に育まれた豊かな自然を表し、特産品の「梨」「いちご」と市の花「コスモス」の飾りがついています。丸いおなかは生産量全国一の「こだますいか」がモチーフです。ちっくんの背景には、筑西市自慢の絶景、筑波山をバックに咲く満開のひまわりが描かれています。

茨城県 桜川市

Lot No.	Lot No.	Lot No.	Lot No.	Lot No.

茨城県 桜川市
08-231-A001
さくらがわ
おすもじ
36°16'42.3"N
140°05'29.9"E

デザインの由来

設置開始 2019年

歴史と自然あふれる桜川市の象徴として、お雛様と桜を
デザインしたマンホール蓋です。見世蔵・土蔵などが軒を
連ね、国の「重要伝統的建造物群保存地区」に選定されて
いる桜川市真壁地区。そんな真壁にお越しいただいた方
をもてなそうと、有名たちによりお雛様が飾られるよう
になり、雛飾りの輪が広がって「真壁のひな祭り」こと
名物行事になりました。また、桜川市は約55万本の山桜
が自生しており、古来より「西の吉野、東の桜川」と称され
る桜の里です。春の新緑には、山桜の白色と茶色の木々の
新たな芽吹きが重なる美しい里山の風景を
楽しめます。

1912-00-001
真壁伝承館

第11弾

08-231-A001
560-131-18-1
2019.12

配布場所
【平日】桜川市役所　下水道課
茨城県桜川市真壁町飯塚911番地
【休日】真壁伝承館
茨城県桜川市真壁町真壁198番地

歴史と自然あふれる桜川市の象徴として、お雛様と
桜をデザインしたマンホール蓋です。桜川市には約
55万本の山桜が自生しており、桜の里として人気で
す。また見世蔵・土蔵などが軒を連ね、国の「重要伝統
的建造物群保存地区」に選定されている真壁地区
には多くの観光客が訪れます。観光客をもてなそうと
お雛様が飾られるようになり、その雛飾りの輪が広
がって、名物行事「真壁のひな祭り」となりました。

栃木県 真岡市

Lot No.	Lot No.	Lot No.	Lot No.	Lot No.

栃木県 真岡市
09-209-A001
もおか
MOKA CITY
36°26'34.6"N
140°00'42.3"E

デザインの由来

設置開始 2014年

イチゴ　真岡木綿
SL　コットベリー

真岡市のキャラクターコットベリーを中心に、真岡市の特
産品であるイチゴと真岡木綿、市内を走るSLが描かれた
マンホール蓋です。真岡市はイチゴ栽培が盛んで、いちご
生産量全国一位を誇る栃木県においても真岡市が一番の
生産量です。江戸時代には木綿の生産が盛んで、真岡とい
えば木綿の代表名詞となっていたほど、現在も市内の
真岡木綿会館で、昔ながらの技術で織られています。特
産品のイチゴと真岡木綿をモチーフにして生まれたのが
コットベリーで真岡市のキャラクターとなっています。市内
の真岡鐵道を走るSLがあり、春には真岡の桜と
菜の花の中のSLを見ることができます。

1912-00-001
久保記念観光文化交流館

第11弾

09-209-A001
561-132-13-1
2019.12

配布場所
久保記念観光文化交流館

配布場所住所
栃木県真岡市荒町1105番地1

真岡市のキャラクター「コットベリー」を中心に、市
の特産品「イチゴ」と「真岡木綿」、市内を走るSLが描
かれたマンホール蓋です。真岡市はイチゴ栽培が盛
んで、いちご生産量全国一位を誇る栃木県において
も、真岡市の生産量がトップです。江戸時代には木
綿の生産が盛んで、真岡といえば木綿の代表名詞と
なっていたほどでした。現在も木綿は市内の真岡木
綿会館で、昔ながらの技術で織られています。

GET 栃木県 那須塩原市

Lot No.	Lot No.	Lot No.	Lot No.	Lot No.

栃木県
那須塩原市
09-213-A001

36°58'10.5"N
139°49'19.7"E

デザインの由来

設置開始 2018年　トチ乙車とハローキティ

市ブランドキャラクター「みるひぃ」と「ハローキティ」が、紅葉が美しい山々に囲まれた塩原温泉に仲良く入っているマンホール蓋です。那須塩原市は酪農が盛んで、生乳算出額が本州一であることから、牛をモデルとした「みるひぃ」が誕生しました。「みるひぃ」と幅広い世代に人気の「ハローキティ」がコラボして那須塩原市の魅力を発信しています。市には、四季折々の景色があり、毎年多くの観光客・宿泊客来る2つの温泉地があり、観光客の訪れる名所もあります。観音地区にも配布してある「春」バージョンのマンホール蓋が設置されていますので、ぜひ探してみてください。

1912-00-001
塩原 もの語り館　　　©GKP

第11弾

09-213-A001
562-133-14-1
2019.12

配布場所
那須塩原市塩原もの語り館
配布場所住所
栃木県那須塩原市塩原747

那須塩原市のキャラクター「みるひぃ」と「ハローキティ」が、紅葉が美しい山々に囲まれた塩原温泉に仲良く入っている様子を表現したマンホール蓋です。那須塩原市は酪農が盛んで、生乳算出額が本州一であることから、牛をモデルとした「みるひぃ」が誕生しました。「みるひぃ」と幅広い世代に人気の「ハローキティ」がコラボレーションして那須塩原市の魅力を発信しています。

GET 群馬県 玉村町

Lot No.	Lot No.	Lot No.	Lot No.	Lot No.

群馬県
玉村町
10-464-A001

36°18'18.7"N
139°07'22.8"E

デザインの由来

設置開始 1994年　玉村のシンボル・モニュメント「玉」
バラ　モクセイ

玉村町の地名の由来になった「龍の玉」を中心に、その周囲を町の花「バラ（マリアカラス）」、木「モクセイ」の色鮮やかなデザインで飾ったマンホールです。日本一の流域面積を誇る利根川と、一級河川・烏川に挟まれた水害の多い場所に古くから伝わる「龍の玉伝説」があるのが、玉村の地名の由来となっています。1978年の町花・町木となったモクセイとバラを「町の木と花」として決定し、令和元年にはバラ制定都市会議「ばらサミット」も開催しました。玉村に植えられた数多のバラを通して名所と、町内各所に植えられたバラを見られないかでしょうか。

1912-00-001
道の駅 玉村宿　　　©GKP

第11弾

10-464-A001
563-134-14-1
2019.12

配布場所
道の駅 玉村宿
配布場所住所
群馬県佐波郡玉村町大字
上新田604-1

玉村町という地名の由来は、日本一の流域面積を誇る「利根川」と、一級河川「烏川」に挟まれた水害の多い場所に古くから伝わる「龍の玉伝説」です。このマンホール蓋は地名の由来になった「龍の玉」を中心に据え、その周囲を町の花「バラ（マリアカラス）」と木「モクセイ」の色鮮やかなデザインで飾っています。龍の玉伝説に記された名所と、町内各所に植えられたバラは観光客の人気を集めています。

埼玉県 鴻巣市

埼玉県 鴻巣市
11-217-A001

36°03'21.5"N
139°30'56.8"E

デザインの由来

設置開始: 2019年　パンジー

市の花「パンジー」をデザインしたマンホール蓋です。パンジーは鴻巣の気候風土に適した花として昭和23年に生産が始まりました。今では市内の花卉生産農家は200軒を超えており、花の一大産地として発展しています。市のキャッチフレーズ「ひなと花のまち鴻巣」のもとに「こうのすフラワーフェスティバル」など、市内外から多くの人が訪れ、とても賑わっています。

1912-00-001
鴻巣市産業観光館「ひなの里」　　©GKP

第11弾

11-217-A001
564-135-36-1
2019.12

配布場所
【水曜日以外】
鴻巣市産業観光館「ひなの里」
埼玉県鴻巣市人形1-4-20
【水曜日】鴻巣市都市建設部下水道課
埼玉県鴻巣市中央1-1

鴻巣市の花「パンジー」をデザインしたマンホール蓋です。パンジーは鴻巣の気候風土に適した花として昭和23年に生産が始まりました。鴻巣の花卉栽培として最初に生産されたゆかりの深い花であり、市民に愛され親しまれている花として、市制施行20周年を記念して昭和49年に市の花に指定されました。今では市内の花卉生産農家は200軒を超えており、花の一大産地として発展しています。

埼玉県 川島町

埼玉県 川島町
11-346-A001

35°58'18.5"N
139°27'44.9"E

デザインの由来

設置開始: 2019年　　かわみん・かわべえ　いちご　バラのトンネル

川島町のマスコットキャラクター「かわべえ」と「かわみん」を中央に描き、周りを「いちご」と「バラの花」で飾ったマンホール蓋です。いちごは町の特産品であり、また、平成の森公園内には日本一長いバラのトンネルがあるところから「バラの花」を描いています。「かわべえ」「かわみん」は、町の特産品「イチジク」をモチーフにしたキャラクターで、町制施行40周年を記念して誕生しました。

1912-00-001
川島町 水道企業庁舎　　©GKP

第11弾

11-346-A001
565-136-37-1
2019.12

配布場所
川島町水道企業庁舎
上下水道課
配布場所住所
埼玉県比企郡川島町大字平沼
1258

川島町のマスコットキャラクター「かわべえ」と「かわみん」を中央に描き、周りを「いちご」と「バラの花」で飾ったマンホール蓋です。いちごは町の特産品であることから、バラの花は町内の「平成の森公園内」にある日本一長いバラのトンネルから来ています。「かわべえ」と「かわみん」は、町の特産品「イチジク」をモチーフにしたキャラクターで、町制施行40周年を記念して誕生しました。

千葉県 館山市

Lot No.	Lot No.	Lot No.	Lot No.	Lot No.

千葉県
館山市
12-205-A001

IATEYAMA OSUI

34°59'45.2"N
139°51'29.8"E

566-137-15-1

デザインの由来

設置開始 2019年
館山湾(鏡ヶ浦)
ヨットと富士山

館山市は千葉県南部に位置し、温暖な気候と緑豊かな自然に恵まれ、冬でもポピーや菜の花が咲き誇るほか、サンゴやウミホタルの生息域ともなっています。ヨットやサーフィンなどのマリンスポーツも盛んで、海水浴の適地としても楽しめる場所です。館山の海がより澄み渡り、いつまでもこの光景が続くようにとの願いがこのデザインに込められています。

1912-00-001
"渚の駅"たてやま
©GKP

第11弾

12-205-A001
566-137-15-1
2019.12

配布場所
"渚の駅"たてやま

配布場所住所
千葉県館山市館山1564-1

館山湾の自然豊かな様子をモチーフにしたマンホール蓋です。館山市は千葉県南部に位置し、温暖な気候と緑豊かな自然に恵まれ、冬でもポピーや菜の花が咲き誇るほか、サンゴやウミホタルの生息域にもなっています。ヨットやサーフィンなどのマリンスポーツも盛んで、海水浴の適地としても楽しめる場所です。館山の海がより澄み渡り、いつまでもこの光景が続くようにとの願いがこのデザインに込められています。

千葉県 市原市

Lot No.	Lot No.	Lot No.	Lot No.	Lot No.

千葉県
市原市
12-219-A001

いちはら　おすい

35°30'35.8"N
140°05'47.7"E

567-138-16-1

デザインの由来

設置開始 1997年
イチョウ
コスモス
ウグイス

市原市のシンボル(木・花・鳥)として、たくましさと青葉が「緑と太陽のまちづくり」にふさわしい「イチョウ」、一本一本では目立たなくともまとまれば美しく可憐で強い「コスモス」、一足先に春を告げ、市内全域でその美しい声が聞かれる「ウグイス」を定めています。マンホール蓋のデザインはこれらのシンボルを採用しており身近なものに親しんでもらえるよう市の花や鳥「緑と太陽」を表現しており、下水道のイメージを明るくクリーンな印象に変え、親しみを持ってもらうために製作しました。JR五井駅周辺ほか、市内の一部に設置されていますので是非散策してください。

1912-00-001
上総更級公園　公園センター
©GKP

第11弾

12-219-A001
567-138-16-1
2019.12

配布場所
上総更級公園　公園センター

配布場所住所
千葉県市原市更級5丁目
1番地1

市原市マンホール蓋のデザインは、助け合いとふれあいを大切にするとともに、活気に満ちた新しいまちづくりを表現しています。そのシンボルには、たくましさと青葉が「緑と太陽のまちづくり」を象徴する「イチョウ」、一本一本では目立たなくともまとまれば美しく可憐で強い「コスモス」、一足先に春を告げ、市内全域でその美しい声を聞かせてくれる「ウグイス」を採用しています。

東京都 国立市

Lot No.	Lot No.	Lot No.	Lot No.	Lot No.

東京都
国立市
13-215-A001

35°41'58.3"N
139°26'48.8"E

デザインの由来

設置開始 2019年

大学通りの幅

旧国立駅舎完成時イメージ

国立市には、かつて、まちのシンボルと強く認識された三角屋根の旧国立駅舎がありました。そして、国立駅から南へまっすぐ伸びる大学通りの幅は約44メートルもあり、通りの両側のグリーンベルトには桜が植えられ、春には花びらのカーテンがまちをピンク色に染めます。国立市で設置している一部のマンホール蓋には、旧国立駅舎を大学通りから望んだ春の風景がデザインされています。2019年には、今までの無色からカラーにリニューアルしてさらなるイメージアップに努めています。2020年に旧国立駅舎が1926年築建当時の姿に復原され、くにたちのシンボルが復活した

1912-00-001
国立市役所 ©GKP

第11弾
13-215-A001
568-139-22-1
2019.12

配布場所
旧国立駅舎

配布場所住所
東京都国立市東1-1-69

国立市で設置している一部のマンホール蓋には、旧国立駅舎を大学通りから望んだ春の風景がデザインされています。国立市には、かつて、まちのシンボルと強く認識されていた三角屋根の旧国立駅舎がありました。国立駅から南へまっすぐ伸びる大学通りの幅は約44メートルもあり、通りの両側のグリーンベルトには桜が植えられ、春には花びらのカーテンがまちをピンク色に染めます。

神奈川県 伊勢原市

Lot No.	Lot No.	Lot No.	Lot No.	Lot No.

神奈川県
伊勢原市
14-214-A001

35°23'53.2"N
139°18'47.3"E

デザインの由来

設置開始 1988年

大山

やまどり

ききょう

伊勢原市のシンボル「大山」を背景に、市の花と鳥である「ききょう」と「やまどり」を配置したマンホール蓋です。「大山」は、雨が降りやすい山容に由来し、別名雨降山から転じて阿夫利山とも呼ばれており、江戸期の信仰と行楽の地であり、信仰心の篤い庶人たちが江戸から旦大な木太刀を担いで運び、納めると大山を別りが行われ、他に例をみない歴史的な庶民参詣の文化が誕生した。平成28年度に日本遺産に登録された。伊勢原市に所縁があり江戸城を築いたことで知られる太田道灌公の家紋の「ききょう」と市内に生息する「やまどり」を描き、歴史と自然豊かな伊勢原市を象徴しています。

1912-00-001
アクアクリーンセンター ©GKP

第11弾
14-214-A001
569-140-19-1
2019.12

配布場所
アクアクリーンセンター

配布場所住所
神奈川県伊勢原市神戸120

伊勢原市のシンボル「大山」を背景に、市の花と鳥である「ききょう」と「やまどり」を配置したマンホール蓋です。平成28年度に日本遺産に登録された「大山」は、雨が降りやすい山容に由来し、別名雨降山から転じて阿夫利山とも呼ばれています。伊勢原に所縁があり江戸城を築いたことで知られる太田道灌公の家紋の「ききょう」と市内に生息する「やまどり」は、市の歴史と自然の豊かさを象徴しています。

神奈川県　葉山町

Lot No.	Lot No.	Lot No.	Lot No.	Lot No.

神奈川県
葉山町
14-301-A001

35°15'41.6"N
139°34'48.7"E

デザインの由来

設置開始 2019年

ヨット　ウグイス
クロマツ　ツツジ

明治45年、国産ヨットが初めて帆走(はんそう)したことから、葉山町は「近代日本ヨット発祥の地」とされています。相模湾に浮かぶヨットを主役に、町の花「ツツジ」、木「クロマツ」、鳥「ウグイス」をあしらったマンホール蓋です。親子蓋であるこの蓋は、親子あわせて壮大な海を渡るヨットを表現しています。ヨットが行きかう相模湾には、温暖な気候と黒潮の恩恵に配慮し、町の浄化センターは山頂部に建設しました。受叶に施された青い円は、山・川・海を臨み水を表し、「葉山の美しい水環境を未来の世代へ引き継ぐ」という思いが込められています。

1912-00-001
葉山町役場
©GKP

第11弾
14-301-A001
570-141-20-1
2019.12

配布場所
【平日】葉山町役場
神奈川県三浦郡葉山町堀内2135
【休日】葉山しおさい公園
神奈川県三浦郡葉山町一色2123-1

相模湾に浮かぶヨットを主役に、町の花「ツツジ」、木「クロマツ」、鳥「ウグイス」をあしらったマンホール蓋です。親子蓋であるこの蓋は、親子あわせて壮大な海を渡るヨットを表現しています。明治45年、国産ヨットが初めて帆走したことから、葉山町は「近代日本ヨット発祥の地」とされています。ヨットが行きかう相模湾には、温暖な気候と黒潮の恩恵によって、多様な生き物が生息しています。

神奈川県　清川村

Lot No.	Lot No.	Lot No.	Lot No.	Lot No.

神奈川県
清川村
14-402-A001

35°28'56.7"N
139°16'37.8"E

デザインの由来

設置開始 1998年

虹の大橋
宮ヶ瀬湖

清川村は、首都圏50km圏内に位置する神奈川県内唯一の村です。本村は、水源地としての役割を果たすため、水環境の保全を目的とした特定環境保全公共下水道事業を採用し、村単独で下水処理を行っています。2000年の宮ヶ瀬ダム完成により誕生した「宮ヶ瀬湖」は、神奈川県民の飲料水として約2億トンの水を蓄え、四季折々に色濃く変わる美しい山々に囲まれ、この宮ヶ瀬湖のきれいな水と澄み渡った空を背景に、湖に架かる「虹の大橋」と村の木「イロハモミジ」をモチーフにしたデザイン蓋です。

1912-00-001
清川村役場まちづくり課
©GKP

第11弾
14-402-A001
571-142-21-1
2019.12

配布場所
清川村本庁舎
【平日】1階 清川村まちづくり課
【休日】1階 宿直室
配布場所住所
神奈川県愛甲郡清川村煤ヶ谷
2216番地

2000年の宮ヶ瀬ダム完成により誕生した「宮ヶ瀬湖」のきれいな水と澄み渡った空を背景に、湖に架かる「虹の大橋」と村の木「イロハモミジ」をモチーフにデザインしたマンホール蓋です。清川村は、首都圏50km圏内に位置する神奈川県内唯一の村です。清川村は、水源地としての役割を果たすため、水環境の保全を目的とした特定環境保全公共下水道事業を採用し、単独で下水処理を行っています。

茨城県 常陸太田市

Lot No.	Lot No.	Lot No.	Lot No.	Lot No.

茨城県
常陸太田市

08-212-A001

36°31'53.5"N
140°31'40.7"E

デザインの由来

設置開始 2019年　巨峰

常陸太田市の公式マスコットキャラクター「じょうづるさん」と、特産品の一つである「ぶどう」をデザインしたマンホール蓋です。じょうづるさんは、常陸太田市に昔から住んでいた鶴で、寡黙で無表情ですが心温厚な性格。年齢、性別、家族構成などもよくわかっていませんが、好きな食べ物は「常陸秋そば」と、ぶどうの品種「巨峰」。9月上旬から10月上旬までの秋のぶどう狩りシーズンには、常に一番乗りを目指しているそうです。常陸太田市公式マスコットキャラクター／第「子育て」上手算陸太田市宣伝伝道師」として、日々市民の皆様とともに常陸太田市のPR活動を行っています。

2004-00-001
常陸太田市観光案内センター　©GKP

第12弾

08-212-A001
625-155-19-1
2020.04

配布場所
常陸太田市観光案内センター

配布場所住所
茨城県常陸太田市山下町
1049-6

常陸太田市の公式マスコットキャラクター「じょうづるさん」と、特産品の一つである「ぶどう」をデザインしたマンホール蓋です。じょうづるさんは、常陸太田市に昔から住んでいた鶴で、寡黙で無表情ですが温厚な性格。年齢、性別、家族構成などもわかっていませんが、好きな食べ物は「常陸秋そば」と、ぶどうの品種「巨峰」。秋のぶどう狩りシーズンには、常に一番乗りを目指しているそうです。

栃木県 那須塩原市

Lot No.	Lot No.	Lot No.	Lot No.	Lot No.

栃木県
那須塩原市

09-213-B001

NASUSHIOBARA
みるひぃ×

37°04'02.6"N
139°55'25.6"E

デザインの由来

設置開始 2018年　鹿の湯

ホブランドキャラクター「みるひぃ」と「ハローキティ」が、新緑の美しい山々に囲まれた板室温泉に仲良く入っているマンホール蓋です。那須塩原市は酪農が盛んで、生乳算出額が本州一であるこちらから、牛をモデルとした「みるひぃ」が誕生しました。「みるひぃ」と幅広い世代に人気の「ハローキティ」がコラボして那須塩原市の魅力を発信しています。板室温泉は、山々の緑から流れ出る美しい水と温かな温泉が自慢の温泉地です。原塩原市の豊かな自然と豊かな自然と温泉の良さから塩原保養温泉地に指定されている湯の療です。市内にもう一つのある塩原温泉郷には色違いの「秋」バージョンの蓋が設置されていますので、ぜひ探してみてください。

2004-00-001
板室自然遊学センター　©GKP

第12弾

09-213-B001
626-156-15-2
2020.04

配布場所
板室自然遊学センター

配布場所住所
栃木県那須塩原市百村
3090-6

那須塩原市のキャラクター「みるひぃ」と「ハローキティ」が、新緑の美しい山々に囲まれた塩原温泉に仲良く入っている様子を表現したマンホール蓋です。那須塩原市は酪農が盛んで、生乳算出額が本州一であることから、牛をモデルとした「みるひぃ」が誕生しました。「みるひぃ」と幅広い世代に人気の「ハローキティ」がコラボレーションして那須塩原市の魅力を発信しています。

群馬県 渋川市

Lot No.	Lot No.	Lot No.	Lot No.	Lot No.

群馬県
渋川市
10-208-C001

ようこそ
渋川市へ

イニシャル
頭文字D
×
SHIBUKAWA
©S/K・2018 IDL3FC

36°29'27.4"N
139°00'29.7"E

デザインの由来

国内外で高い人気を誇る『頭文字D』は、渋川市がその舞台として広く知られ、連載終了後も聖地巡礼と称した多くのファンが訪れています。このマンホール蓋は、渋川市の「アニメツーリズム推進事業」のひとつとして制作されたオリジナルマンホール蓋です。主人公の藤原拓海と愛車のハチロクが渋川駅前プラザをバックに描かれ渋川市を訪れる人々を歓迎しています。伊香保温泉街やヤセネ本体をはじめ、2008年公開の春映画等映画で撮影に使われた「農車とろけき(豚肉野菜鍋定食)」等など『頭文字D』の舞台となった各スポットを巡るとともに、市内を堪能してみてはいかがですか。

2004-00-001

渋川地区名産品センター(しぶさん)

第12弾

10-208-C001
627-157-15-3
2020.04

配布場所
渋川地区名産品センター
(しぶさん)
配布場所住所
群馬県渋川市渋川1832番地27
渋川駅前プラザ

渋川市は国内外で高い人気を誇るマンガ作品『頭文字D』(しげの秀一・作)の舞台として広く知られ、連載終了後も「聖地巡礼」と称して多くのファンが市内を訪れています。このマンホール蓋は、渋川市の「アニメツーリズム推進事業」のひとつとして制作されたオリジナルマンホール蓋です。主人公の藤原拓海と愛車のハチロクが渋川駅前プラザをバックに描かれており、渋川市を訪れる人々を歓迎しています。

群馬県 吉岡町

Lot No.	Lot No.	Lot No.	Lot No.	Lot No.

群馬県
吉岡町
10-345-A001

YOSHIOKA

36°26'39.0"N
139°00'46.0"E

デザインの由来

YOSHIOKA
ぶどう
こけし

吉岡町の特産品である「ぶどう」と民芸品である「こけし」をデザイン化し、1996年から採用している3つの「ホール」蓋です。「ぶどう」は、町の小倉地区において、昭和30年代に耕土が浅く傾斜が強い地の利を活かして、太陽の光をいっぱい浴びて育ったぶどうは糖度が高く美味しいと評判で町内でも生産される「こけし」は近代こけしと呼ばれる創作こけしで、伝統工芸の技術を継承し地域の活性化を促してきた立役者です。全ての工程を手掛けて作り、個性あふれる「こけし」となっています。

2004-00-001

吉岡町役場上下水道課

第12弾

10-345-A001
628-158-16-1
2020.04

配布場所
【平日】吉岡町役場上下水道課
群馬県北群馬郡吉岡町大字
下野田560
【休日】吉岡町文化センター
群馬県北群馬郡吉岡町大字
下野田472

吉岡町の特産品「ぶどう」と民芸品「こけし」をデザイン化したマンホール蓋です。「ぶどう」は町の小倉地区において、耕土が浅く傾斜が強い地の利を活かして、昭和30年代から栽培されてきました。太陽の光をいっぱい浴びて育ったぶどうは直売もされており、糖度が高く美味しいと評判です。町内で生産される「こけし」は伝統工芸の技術を継承し、地域の活性化を促してきた立役者です。

埼玉県 上尾市

Lot No.	Lot No.	Lot No.	Lot No.	Lot No.

埼玉県
上尾市
11-219-B001

35°58'19.2"N
139°35'03.9"E

デザインの由来

上尾市のキャラクター「アッピー」が軽快に自転車に乗る様子と、市の花である「ツツジ」をデザインした蓋です。本市では自転車が快適に利用できるまちづくりを進めており、自転車レーンの整備を進めるとともに、利用促進に関する情報発信を行っています。荒川沿いの上尾サイクリングロードは自然豊かな風景が楽しめるコースとなっていて、休日には付近の観光スポットを目指して多くの自転車愛好家が訪れます。マンホールのデザインは全部でら種類あり、上尾駅、北上尾駅周辺で探すことができますので、これらのデザインを探しながら散策するのもおすすめです。

2004-00-001
あげお お土産・観光センター
©GKP

第12弾

11-219-B001
629-159-38-2
2020.04

配布場所
あげお お土産・観光センター

配布場所住所
埼玉県上尾市宮本町3-2-207
(A-geoタウン2階)

上尾市のキャラクター「アッピー」が軽快に自転車に乗る様子と、市の花である「ツツジ」をデザインしたマンホール蓋です。上尾市では自転車が快適に利用できるまちづくりを進めており、自転車レーンの整備を進めるとともに、利用促進に関する情報発信を行っています。荒川沿いの上尾サイクリングロードは自然豊かな風景が楽しめるコースとなっていて、多くの自転車愛好家がサイクリングに訪れています。

埼玉県 桶川市

Lot No.	Lot No.	Lot No.	Lot No.	Lot No.

埼玉県
桶川市
11-231-A001

35°59'53.5"N
139°33'49.4"E

デザインの由来

桶川市では、「べに花の郷」のキャッチフレーズを掲げ、まちづくりを行っています。そんな紅花の生産は、天明・寛政年間に江戸商人がその種子を本全国に知ることから始まり、「桶川臙脂（えんじ）」の名で全国に知られ、紅花座とよばれるほどに栄え、大きな富と文化をもたらしました。とりわけ、明治期に入るまで栄学染料の導入などから次第に廃れていきますが江戸時代に経済的な繁栄をもたらした紅花で、百年を経た今文化的な成功をもたらす。そんな願い込まれて、紅花を市民の花と定め、まちづくりのシンボルとしてこのマンホールもデザインされました。

2004-00-001
桶川市観光協会
©GKP

第12弾

11-231-A001
630-160-39-1
2020.04

配布場所
桶川市観光協会

配布場所住所
埼玉県桶川市寿1-11-19

桶川市は「紅花」を市民の花として定め、「べに花の郷 桶川市」というキャッチフレーズを掲げています。そんなまちづくりのシンボルとして、このマンホール蓋がデザインされました。桶川における紅花の生産は、天明・寛政年間に江戸商人がその種子をもたらしたことから始まり、「桶川臙脂（えんじ）」の名で全国に知られ、「紅花宿」と呼ばれるほどに栄え、大きな富と豊かな文化をもたらしました。

埼玉県 富士見市

Lot No.	Lot No.	Lot No.	Lot No.	Lot No.

埼玉県
富士見市
11-235-A001

35°50'47.5"N
139°32'23.9"E

デザインの由来

設置開始 2020年　ふわっぴー

富士見市のマスコットキャラクター「ふわっぴー」が、藤の花が描かれたマンホールの中から飛び出しているデザインです。「ふわっぴー」は、4才の双子の兄妹で、市の魅力を発信するため活躍しています。藤の花は、昭和57年に市制10周年記念のシンボルマークとして市の花に決まりました。富士見市の藤は昭和59年に採用され、市内の様々な場所に設置されてきました。見えないところでも人々の暮らしを支えている下水道の存在を感じてもらうために、新しいデザインが誕生しました。

2004-00-001
富士見市役所　下水道課　©GKP

第12弾

11-235-A001
631-161-40-1
2020.04

配布場所
【平日】
富士見市役所下水道課
埼玉県富士見市大字鶴馬1800番地の1
【土日祝日】
富士見市民文化会館　キラリ☆ふじみ
埼玉県富士見市大字鶴馬1803番地の1

富士見市のマンホール蓋は、市のマスコットキャラクター「ふわっぴー」が、藤の花が描かれたマンホールの中から飛び出しているデザインです。「ふわっぴー」は4才の双子の兄妹で、市の魅力を発信するため活躍しています。藤の花は、昭和57年に市制10周年記念のシンボルとして市の花に決まりました。富士見市では、4月末頃から藤の花が紫色の優美な姿で人々の目を楽しませてくれます。

埼玉県 宮代町

Lot No.	Lot No.	Lot No.	Lot No.	Lot No.

埼玉県
宮代町
11-442-A001

36°01'27.5"N
139°43'31.1"E

デザインの由来

設置開始 2019年　ハクモクレン

平成5年度の公共下水道供用開始から宮代町の下水道を支え続けているマンホール蓋です。昭和30年代から栽培が始まったとされる、宮代町の特産品「巨峰」をマンホール蓋いっぱいに敷き詰めました。マンホール蓋のメインカラーである巨峰の紫色は宮代町のイメージカラーにもなっています。また、中央にはみやしろの「み」を伸ばして新芽のイメージとして図案化されています。町章は町の花である「ハクモクレン」の白色を採用し、緑豊かな宮代町を感じる原は足元のマンホール蓋もお楽しみください。

2004-00-001
新しい村　©GKP

第12弾

11-442-A001
632-162-41-1
2020.04

配布場所
【月曜日以外(月曜日が祝日の場合は配布)】
新しい村
埼玉県南埼玉郡宮代町字山崎777-1
【月曜日(祝日を除く)】
宮代町上下水道事務所
埼玉県南埼玉郡宮代町字宮東51

昭和30年代から栽培が始まったとされる、宮代町の特産品「巨峰」をいっぱいに敷き詰めたデザインです。巨峰の紫色は、宮代町のイメージカラーにもなっています。また、中央には昭和60年に宮代町が30周年を迎えたことを記念して制定された町章を据えています。町章は町の花「ハクモクレン」の白色を採用し、みやしろの「み」が伸び行く新芽のイメージとして図案化されています。

GET ✓

千葉県 浦安市

Lot No.	Lot No.	Lot No.	Lot No.	Lot No.

千葉県
浦安市

12-227-A001

35°39'15.3"N
139°54'07.9"E

デザインの由来

設置開始 2020年

かつて浦安漁村として栄え、今でも昔ながらの面影が残る元町地域を流れる「境川」と旧江戸川へと繋げる「境川西水門」、桜並木とともに見かけられる菜の花、都心近郊の住居地として開発され、爽やかな海風の香るアーバンリゾート風の街並みが演出される新町地域の風景を対照的に配置しています。

2004-00-001
浦安市役所 ©GKP

第12弾

12-227-A001
633-163-17-1
2020.04

配布場所
浦安市役所 道路整備課

配布場所住所
千葉県浦安市猫実1丁目
1-1

浦安市のマンホール蓋は、昔ながらの面影が残る元町地域の風景と、アーバンリゾート風の街並みが演出された新町地域の風景を対照的に配置したデザインになっています。埋め立て事業により市の面積を徐々に拡大させ、発展し続けた浦安市は、同じ市内であっても地域ごとに個性豊かな魅力が溢れています。このデザインは、そのような多くの風景や彩を持つ浦安市を表現したものになっています。

GET ✓

東京都 東京23区

Lot No.	Lot No.	Lot No.	Lot No.	Lot No.

東京都
東京23区

13-100-M001

35°37'12.7"N
139°42'13.4"E

デザインの由来

設置開始 2019年

品川区では平成29年2月にサンリオキャラクターの「シナモロール」を「しながわ観光大使」に任命し、しながわ観光の魅力を発信させ、その一環として「品川紋次郎」をデザインに取り入れたマンホール蓋です。このマンホール蓋が設置されている武蔵小山駅周辺は江戸時代にはタケノコの産地として知られ、地元観光協会を軸とする「ムサコたけのこ祭り」は今年も4月に開催され、伝統の産地・小山の春の風物詩として定着しています。伝統が息づく暮らしと観光の魅力が共存する品川区に注目されて越しください。

2004-00-001
info & cafe SQUARE ©GKP

第12弾

13-100-M001
634-164-35-13
2020.04

配布場所
info & cafe SQUARE

配布場所住所
東京都品川区荏原4-5-28
スクエア荏原1F

品川区では平成29年2月にサンリオキャラクターの「シナモロール」を「しながわ観光大使」に任命し、しながわ観光の魅力を発信しています。これはその一環として「品川紋次郎」をデザインに取り入れたマンホール蓋です。このマンホール蓋が設置されている武蔵小山駅周辺は江戸時代にはタケノコの産地として知られ、現在も毎年4月に「ムサコたけのこ祭り」が開催されて好評を博しています。

東京都 立川市

東京都
立川市
13-202-B001

おすい

TACHIKAWA

35°42'48.3"N
139°24'26.7"E

デザインの由来

設置開始 2019年

くるりん

立川市キャラクター「くるりん」がデザインされたカラーマンホール蓋の第2弾です。蓋のデザインは第1弾に引き続き、鳥澤安寿さんにお願いし、全天球カメラで立川全体をぐるっと見回したようなイメージでデザインされています「くるりん」が苗木に水をあげています。立川のものがすくすくと育つようにという願いを込めています。そのほかに立川のランドマークや風景がちりばめられています。色付けはセラミックを塗かして焼き付けました。このカラーマンホール蓋は市役所の敷地内と川連接地市民軍運動の歩道の2ヶ所に付けてあります。

2004-00-001
立川市役所
©GKP

第12弾

13-202-B001
635-165-36-2
2020.04

配布場所
【平日】立川市役所 下水道管理課
【休日】立川市役所 休日受付窓口

配布場所住所
東京都立川市泉町1156-9

立川市のキャラクター「くるりん」がデザインされたカラーマンホール蓋の第2弾です。蓋のデザインは第1弾に引き続き、デザイナーの鳥澤安寿氏によるもので、全天球カメラで立川全体を見回したようなイメージになっています。立川市がすくすくと育つようにという願いを込めて、「くるりん」が苗木に水をあげています。そのほか、立川のランドマークや風景もちりばめられています。

東京都 町田市

東京都
町田市
13-209-B001

まちだ

35°32'36.5"N
139°26'49.9"E

デザインの由来

設置開始 2018年

町田リス園

タイワンリス

学生からの公募により、2018年に誕生したマンホール蓋です。町田リス園で飼育されているリスをモチーフに、雨を眺めるリスのシルエットとと水の流れを切り絵風にデザインしたマンホール蓋です。白一色で着色したデザインには、下水道に爽やかなイメージを持っていただきたいという願いが込められています。町田リス園では、放し飼いされている約200匹のタイワンリスに餌やりができることができ、1988年の開園以来多くの方に親しまれています。周辺には、業務池公園をはじめとして四季折々の花や風景が楽しめる場所となっています。指所にお越しの際ぜひお立ち寄りください。

2004-00-001
町田ツーリストギャラリー
©GKP

第12弾

13-209-B001
636-166-37-2
2020.04

配布場所
まちの案内所
町田ツーリストギャラリー

配布場所住所
東京都町田市原町田4-10-20
ぽっぽ町田1階

学生からの公募により、2018年に誕生したマンホール蓋です。「町田リス園」で飼育されているリスをモチーフに、雨を眺めるリスのシルエットと、水の流れが切り絵風にデザインされています。白一色で着色したデザインには、「下水道に爽やかなイメージを持ってほしい」という願いが込められています。「町田リス園」では、放し飼いされている約200匹のタイワンリスに餌やりができます。

新潟県 柏崎市

Lot No.	Lot No.	Lot No.	Lot No.	Lot No.

新潟県
柏崎市
15-205-A001

37°22'09.6"N
138°33'11.0"E

442-27-16-1

デザインの由来

設置開始 2018年

柏崎市シティセールスシンボルマークのマンホール蓋です。このシンボルマークは「The all Kashiwazaki」をテーマに、美しい日本海に沈む夕日、ぎおん柏崎まつりの最終日を鮮やかに彩る海の大花火を中心として、勇壮な米山と米山大橋、昔ながらの茅葺き屋根と田園の風景、伝統芸能「綾子舞」、人気ゆるキャラ「えちゴン」等、様々な観光資源をイラスト化してまとめ、多様性に満ちた柏崎の魅力を表現しています。市民投票によって選ばれたこのシンボルマークとともに、「市民一人ひとりが、柏崎のセールスパーソンとなって、柏崎の魅力を発信しています。

1812-00-001
柏崎観光協会

第9弾

15-205-A001
442-27-16-1
2018.12

配布場所
柏崎観光協会

配布場所住所
新潟県柏崎市駅前1-1-30

柏崎市のシティセールスシンボルマークのマンホール蓋です。このシンボルマークは「The all Kashiwazaki」をテーマに、日本海に沈む夕日、ぎおん柏崎まつりの最終日を彩る大花火を中心に、勇壮な米山と米山大橋、昔ながらの茅葺き屋根と田園の風景、伝統芸能「綾子舞」、人気ゆるキャラ「えちゴン」等、様々な観光資源をイラスト化してまとめ、多様性に満ちた柏崎の魅力を表現しています。

富山県 富山市

Lot No.	Lot No.	Lot No.	Lot No.	Lot No.

富山県
富山市
16-201-B001

36°44'37.9"N
137°17'54.4"E

443-28-4-2

デザインの由来

設置開始 1993年

市内東部にある水橋地区の中心を流れる白岩川。そこに架かる東西橋と「水橋橋まつり」の花火がデザインされたマンホール蓋です。東西橋の歴史は古く、明治2年に付近の神社境内の大木1,100本余りを使用して完工したとされております。白岩川に初めて橋が架かったことを記念して始まった「水橋橋まつり」では、毎年7月に夏の夜を彩る盛大な花火が打ち上がり、幻想的なご神灯流しも行われ、大勢の人で賑わっています。

1812-00-001
富山市まちなか観光案内所

第9弾

16-201-B001
443-28-4-2
2018.12

配布場所
富山市まちなか観光案内所

配布場所住所
富山県富山市本丸1-45

富山市東部にある水橋地区の中心を流れる白岩川。そこに架かる「東西橋」と「水橋橋まつり」の花火がデザインされたマンホール蓋です。東西橋の歴史は古く、明治2年に付近の神社境内の大木1,100本余りを使用して完工したとされています。白岩川に初めて橋が架かったことを記念して始まった「水橋橋まつり」では、毎年7月に夏の夜を彩る盛大な花火が打ち上がり、幻想的なご神灯流しも行われます。

富山県 高岡市

Lot No.	Lot No.	Lot No.	Lot No.	Lot No.

富山県
高岡市
16-202-A001

36°48'51.1"N
137°02'32.6"E

444-29-5-1

第9弾

16-202-A001
444-29-5-1
2018.12

配布場所
道の駅「雨晴(あまはらし)」

配布場所住所
富山県高岡市太田24番地74

「雨晴海岸(あまはらしかいがん)」から富山湾越しに望む立山連峰と、中央に「女岩(めいわ)」、右側に「義経岩(よしつねいわ)」を描いたマンホール蓋です。雨晴海岸は万葉集でも詠われた景勝の地で、国指定の名勝であり、「日本の渚百選」にも選ばれています。義経岩は、源義経が奥州に向かう途中で雨宿りをした場所といわれ、このことが「雨晴」という地名の由来となっています。

富山県 舟橋村

Lot No.	Lot No.	Lot No.	Lot No.	Lot No.

富山県
舟橋村
16-321-A001

36°42'35.5"N
137°18'05.1"E

445-30-6-1

第9弾

16-321-A001
445-30-6-1
2018.12

配布場所
【平日】中新川広域行政事務組合
　　　　下水道課
富山県中新川郡舟橋村国重242
【土日祝日】舟橋会館
富山県中新川郡舟橋村海老江147

このマンホール蓋は舟橋村の「さつき」、上市町の「りんどう」、立山町の「菊」を表しています。山奥の岩肌や石垣などに育つ「さつき」は、背が低めで群を成して一面に咲くので、とても華やかです。「りんどう」は生薬の原料のひとつとして用いられ、根は民間薬として用いられました。「菊」は長寿の力があるとされ、時に薬として、時に心を和ませる鑑賞植物として古くから人々に愛されてきた花です。

新潟県 燕市

Lot No.	Lot No.	Lot No.	Lot No.	Lot No.

新潟県
燕市
15-213-B001

37°40'00.6"N
138°55'43.6"E

511-31-17-2

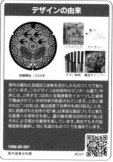

デザインの由来

設置開始 1996年

燕市は優れた金属加工技術を活かしたものづくりで知られています。このデザインは旧燕市のマンホール蓋で、中央には、上昇するつばめと金属産業をイメージした歯車で構成されています。上方に描かれた「つばめ」は、輸出産業で世界中を飛び回ることを、対に配置された旧市の「菊」は実直な製品づくりと新たな産業への芽吹きを、蓋の縁を飾る旧市の木「松」はそれによる繁栄を表します。燕市ではその伝統技術を継承し、常に先進のものづくりを進めています。

1908-00-001
燕市産業史料館
©GKP

第10弾

15-213-B001
511-31-17-2
2019.08

配布場所
燕市産業史料館
配布場所住所
新潟県燕市大曲4330-1

燕市は優れた金属加工技術を活かしたものづくりで知られています。このデザインは旧燕市のマンホール蓋で、中央に配置された旧市章は、上昇するつばめと金属産業をイメージした歯車で構成されています。上方に描かれた「つばめ」は、輸出産業で世界中を飛び回ることを、対に配置された旧市の花「菊」は実直な製品づくりと新たな産業への芽吹きを、蓋の縁を飾る旧市の木「松」は市の繁栄を表しています。

新潟県 糸魚川市

Lot No.	Lot No.	Lot No.	Lot No.	Lot No.

新潟県
糸魚川市
15-216-A001

いといがわ
大火の記憶を
次世代に

37°02'44.6"N
137°51'33.7"E

512-32-18-1

デザインの由来

設置開始 2019年

ぬーな

雁木通り

糸魚川市の本町通りは、古くから酒蔵や旅館など様々な店舗が立ち並び、その軒下には「雁木」と呼ばれる歩行者用通路が設けられ、この地域の通り独特の雪国の生活文化を保ち、人々に親しまれてきました。平成28年(2016年)12月22日に発生した駅北大火では、焼失面積が約4ヘクタール、焼損棟数が147棟の大きな災害となり、被災された多くの皆様の懸命な努力と、全国からの温かい支援で復興が進んでいます。この大火で失われた雁木通りの風景を蓋のデザインとし、当市の歴史を象徴する奴奈川姫をモチーフにしたキャラクター「ぬーな」が大火の記憶を伝え、防災の大切さを訴え続けています。

1908-00-001
糸魚川市ガス水道局
©GKP

第10弾

15-216-A001
512-32-18-1
2019.08

配布場所
キターレ
配布場所住所
新潟県糸魚川市大町2-2-19

2016年12月22日に発生した糸魚川駅北大火で失われた「雁木通り」の風景をデザインしたマンホール蓋です。この大火は焼失面積が約4ヘクタール、焼損棟数が147棟の大きな災害となり、被災された多くの皆様の懸命な努力と、全国からの温かい支援で復興が進んでいます。糸魚川市の歴史を象徴する奴奈川姫をモチーフにしたキャラクター「ぬーな」が大火の記憶を伝え、防災の大切さを訴え続けています。

新潟県 胎内市

新潟県
胎内市
15-227-A001

38°03' 12.6"N
139°24' 11.4"E

デザインの由来

設置開始 2019年　チューリップ

このマンホールデザインは、市の花であり、かつて球根の生産量日本一に輝いたこともあるチューリップをモチーフにしています。毎年ゴールデンウイークの時期に、長池憩いの森公園で開催されるチューリップフェスティバルでは、約60種類・80万本のチューリップと菜の花がみへクタールの一面に咲き誇ります。ぜひ、ご家族、お友だち同士で花を愛でつつ花びらを選取してください。この蓋は、市の祭りである中条大祭（毎年9月4日～6日）の夜店が連なる場所に設置してありますので、中央大祭を楽しみながら見つけ出してください。

1908-00-001
胎内市観光協会　©GKP

第10弾

15-227-A001
513-33-19-1
2019.08

配布場所
胎内市観光協会

配布場所住所
新潟県胎内市下赤谷387-1

胎内市の花であり、かつて球根の生産量日本一に輝いたこともある「チューリップ」をモチーフにしたマンホール蓋です。この蓋は、市の祭りである中条大祭（毎年9月4日～6日）の夜店が連なる場所に設置してあります。毎年ゴールデンウイークの時期に長池憩いの森公園で開催される「チューリップフェスティバル」では、約60種類・80万本のチューリップと菜の花が、4ヘクタールの畑一面に広がります。

富山県 小矢部市

富山県
小矢部市
16-209-A001

36°40' 19.0"N
136°51' 59.0"E

デザインの由来

設置開始 2019年　菖蒲　紅梅

小矢部市のマンホールは中央に市章を据え、その周囲に「火牛（かぎゅう）」と市指定の花木である「菖蒲」「紅梅」「宮島杉」を配置したデザインとなっています。「火牛」は平安時代末期、源平合戦で活躍した武将・木曽義仲が、牛の角にたいまつをつけて平家の大軍を撃ち破った奇襲作戦「火牛の計」がモチーフです。市では源平ロマンを全国に情報発信することで、地域の活性化を図りました。ご覧の舞台となった砺波山の散策もお楽しみいただきたい、自然豊かな小矢部市を表現した1枚です。

1908-00-001
石動駅観光案内所　©GKP

第10弾

16-209-A001
514-34-7-1
2019.08

配布場所
石動駅観光案内所

配布場所住所
富山県小矢部市石動町11-10
（石動駅構内）

小矢部市のマンホール蓋は、中央に市章を据え、周囲に「火牛（かぎゅう）」と市指定の花木である「菖蒲」「紅梅」「宮島杉」を配置したデザインです。火牛は平安時代末期、源平合戦で活躍した武将・木曽義仲が、牛の角にたいまつをつけて平家の大軍を撃ち破った奇襲作戦「火牛の計」がモチーフです。市では源平ロマンを全国に情報発信することで、地域の活性化を図っています。

新潟県 村上市

Lot No.	Lot No.	Lot No.	Lot No.	Lot No.

第11弾

15-212-E001
572-35-20-5
2019.12

配布場所
道の駅神林(穂波の里)
道路情報ターミナル

配布場所
新潟県村上市九日市809番地

村上市の神林地区は第1次産業の稲作が盛んで、このマンホール蓋の四角は水田をイメージしており、その中に村の花である「ユリ」と岩船米をイメージした「稲穂」が描かれています。低平地が広がり浸水被害を受けやすい地形のため、平成14年度に全国に先駆けて水田を利用した「田んぼダム」にて洪水被害を軽減する取組みを実施しました。以降、村上市は「田んぼダム発祥の地」として情報発信しています。

富山県 富山市

Lot No.	Lot No.	Lot No.	Lot No.	Lot No.

第11弾

16-201-C001
573-36-8-3
2019.12

配布場所
ダイニング&カフェ呉音
(クレオン)

配布場所住所
富山県富山市呉羽町2247-3

江戸時代に、旧神通川(現在の松川)に架けられていた船橋と常夜灯をデザインしたマンホール蓋です。64艘の船を鎖でつなぎ、上に板を渡して橋とした船橋は、当時の神通川を渡る手段として利用されていました。その両岸に設置されていた常夜灯は、現在もその姿を残しています。かつての船橋は現存していませんが、現在も市内中心部を流れる松川には船橋に由来する「舟橋」という橋が架かっています。

石川県 輪島市

Lot No.	Lot No.	Lot No.	Lot No.	Lot No.

石川県
輪島市
17-204-A001

37°23'45.4"N
136°54'32.9"E

574-37-3-1

デザインの由来

設置開始 1998年

輪島市名所旧跡発祥の「御陣乗太鼓(ごじんじょだいこ)」がデザインされています。御陣乗太鼓は、夜叉や幽霊の面を被った打ち手が叩く異様な陣太鼓で、天正5年(1577年)、当時の名舟村に攻め込んできた上杉謙信の軍勢に対して、武器を持たない村人達が樹の皮と海藻で面を作り、太鼓を打ち鳴らしながら寝静まる上杉勢に夜襲をかけ、戦わずして追い払ったという故事に由来します。他の太鼓にはない一種独特な迫力を是非体験してみてください。

1912-00-001
輪島キリコ会館   ©GKP

第11弾

17-204-A001
574-37-3-1
2019.12

配布場所
輪島キリコ会館

配布場所住所
石川県輪島市マリンタウン
6番1

輪島市のマンホール蓋には、名舟町発祥の「御陣乗太鼓(ごじんじょだいこ)」がデザインされています。御陣乗太鼓は、夜叉や幽霊の面を被った打ち手が叩く異様な陣太鼓で、天正5年(1577年)、当時の名舟村に攻め込んできた上杉謙信の軍勢に対して、武器を持たない村人達が樹の皮と海藻で面を作り、太鼓を打ち鳴らしながら寝静まる上杉勢に夜襲をかけ、戦わずして追い払ったという故事に由来します。

新潟県 新発田市

Lot No.	Lot No.	Lot No.	Lot No.	Lot No.

新潟県
新発田市
15-206-B001

しばたし   おすい

37°56'44.6"N
139°19'44.9"E

637-38-21-2

デザインの由来

設置開始 2019年   新発田城

「新発田城」は、江戸時代に新発田藩主溝口侯の居城として築城され、周辺に湿地が多く、あやめがたくさん咲いていたことから、別名「あやめ城」とも呼ばれています。表門と旧二の丸隅櫓は、新潟県内で唯一、江戸時代から現存する城郭建造物で、国の重要文化財に指定されています。旧二の丸隅櫓は、昭和の解体修理で本丸に移築され、腰壁は瓦張りで白と黒が美しい「なまこ壁」で仕上げられています。また、企画でも夢を見ないは3匹の鯱を配す三階櫓と寄せ巴の特殊な仕上に施した、桜の開花期には、お城のライトアップがあると、現在ここにもなくて幻想的な姿をお楽しみいただけます。

2004-00-001
寺町たまり駅   ©GKP

第12弾

15-206-B001
637-38-21-2
2020.04

配布場所
寺町たまり駅

配布場所住所
新潟県新発田市諏訪町
2丁目3番28号

新発田市のマンホール蓋に描かれた「新発田城」は、江戸時代に新発田藩主溝口侯の居城として築城されました。周辺に湿地が多く、「あやめ」がたくさん咲いていたことから、別名「あやめ城」とも呼ばれています。表門と旧二の丸隅櫓は、新潟県内で唯一、江戸時代から現存する城郭建造物です。旧二の丸隅櫓は、昭和の解体修理で本丸に移築され、腰壁は瓦張りで白と黒が美しい「なまこ壁」で仕上げられています。

石川県 中能登町

GET ✓

Lot No.	Lot No.	Lot No.	Lot No.	Lot No.

石川県
中能登町
17-407-A001

36°58'12.2"N
136°54'16.8"E

デザインの由来

設置開始 2018年

中能登町には神代の昔、里人に地元で群生していた真麻を使った麻織物の技術を伝え、この地の女子に「能登上布」のハタ織りを教えたと伝えられている2人の「織姫」の伝説が残っています。この伝説にちなみ、「道の駅 織姫の里なかのと」のマスコットキャラクターとして、また町の最新産業である「織物」をPRしています。このかわいく親しみやすいキャラクターを使用することでこの度、親しみを持って引けたらと思い、マンホールのデザインに使用しました。

2004-00-001
道の駅 織姫の里なかのと ©GKP

第12弾

17-407-A001
638-39-4-1
2020.04

配布場所
道の駅 織姫の里なかのと

配布場所住所
石川県鹿島郡中能登町
井田ぬ部10番地1

キャラクター「織姫」をデザインしたマンホール蓋です。中能登町には、神代の昔、地元で群生していた真麻を使った麻織物の技術を里人に伝え、この地の女子に「能登上布」のハタ織りを教えたと伝えられている2人の「織姫」の伝説が残っています。この伝説にちなんで、織姫が町のイベント「織姫ものがたり」のシンボルとして、また「道の駅 織姫の里なかのと」のマスコットとして「織物」をPRしています。

福井県 高浜町

GET ✓

Lot No.	Lot No.	Lot No.	Lot No.	Lot No.

福井県
高浜町
18-481-A001

35°29'15.5"N
135°32'49.8"E

デザインの由来

設置開始 2019年

高浜町のマスコットキャラクター「赤ふん坊や」を中央に描いたデザインマンホール。1998年より現在供用開始した公共下水道・農業集落排水・漁業集落排水区域に採用している3種類の旧デザインを、2019年「令和」の元号にあわせて、一新した。若狭富士と称される緑豊かな「青葉山」と、アジアで初めてビーチの国際環境認証「ブルーフラッグ」を取得した「若狭和田ビーチ」をはじめとする海水浴場を背景に、マンホールから「赤ふん坊や」が元気に顔をのぞかせ、その周りを町花「はまなす」が彩り、高浜町の美しく豊かな自然とあふれる活力をアピールしています。

2004-00-001
高浜町上水道センター（上下水道課） ©GKP

第12弾

18-481-A001
639-40-7-1
2020.04

配布場所
高浜町上水道センター
（上下水道課）

配布場所住所
福井県大飯郡高浜町東三松
34-3-1

高浜町のマスコットキャラクター「赤ふん坊や」が中央に描かれたマンホール蓋です。若狭富士と称される緑豊かな「青葉山」と、アジアで初めてビーチの国際環境認証「ブルーフラッグ」を取得した「若狭和田ビーチ」をはじめとする海水浴場を背景に、マンホールから「赤ふん坊や」が元気に顔をのぞかせ、その周りを町花「はまなす」が彩り、高浜町の美しく豊かな自然とあふれる活力をアピールしています。

山梨県 甲斐市

GET

Lot No.	Lot No.	Lot No.	Lot No.	Lot No.

山梨県
甲斐市
19-210-B001

約束の
さくら

35°41'17.0"N
138°29'15.8"E

デザインの由来

設置開始 2018年　サクラ　塩崎駅　やはたいぬ

塩崎駅の完成を記念し、甲斐市の花である「サクラ」と新しく建てられた「塩崎駅舎」をモチーフとした特別マンホールです。旧塩崎駅舎前にあった桜の存続を求めた小学生の嘆願により、新駅舎の塩崎駅にも必ず桜を植樹するとした「約束のさくら」をデザインし、「願い叶う」「サクラサク」「落ちない」こと、合格祈願マンホールとして、まちづくりはひとづくり、生涯にわたる学びのまち甲斐市の願い込められています。マンホール中央には市のマスコットキャラクター「やはたいぬ」の姿を見て、市民の方々に下水道を身近に感じていただけるようにデザインしました。

1812-00-001
甲斐市立双葉図書館　©GKP

第9弾

19-210-B001
446-60-5-2
2018.12

配布場所
甲斐市立双葉図書館

配布場所住所
山梨県甲斐市下今井230

甲斐市の花である「サクラ」と新しく建てられた「塩崎駅舎」をモチーフとしたマンホール蓋です。旧塩崎駅舎前にあった桜の存続を求めた小学生の嘆願により、新駅舎の塩崎駅にも必ず桜を植樹するとした「約束のさくら」をデザインし、「願い叶う」「サクラサク」「落ちない」合格祈願マンホールとなりました。マンホール中央にいるのは、市のマスコットキャラクター「やはたいぬ」です。

長野県 大町市

GET

Lot No.	Lot No.	Lot No.	Lot No.	Lot No.

長野県
大町市
20-212-A001

ライチョウ
大町市　汚水

36°30'21.1"N
137°51'32.7"E

デザインの由来

設置開始 1992年　鍬ノ岳と鹿島槍ヶ岳　ライチョウ　木崎湖

大町市の鳥、そして国の特別天然記念物であるライチョウを中心に、青空にそびえる後立山連峰と山からの豊富な水をたたえる仁科三湖がデザインされたマンホール蓋です。2018年に右上に描かれた双耳峰の山、鹿島槍ヶ岳にある雪渓が、長野県初の氷河「カクネ里氷河」であることが確認されました。ライチョウは季節によって体羽の色が極端に変わるので、これらの山々でもその姿を見ることができます。このマンホールは「信濃大町2014-街とアートの間隙-」でデザインされた現代アート作品になりをかねています。アートのコラボレーションをぜひ見にいらして下さい。

1812-00-001
大町市観光協会　©GKP

第9弾

20-212-A001
447-61-9-1
2018.12

配布場所
大町市観光協会

配布場所住所
長野県大町市大町3200

大町市の鳥、そして国の特別天然記念物でもある「ライチョウ」を中心に、青空にそびえる後立山連峰と山からの豊富な水をたたえる仁科三湖がデザインされたマンホール蓋です。右上に描かれた双耳峰の山、鹿島槍ヶ岳にある雪渓が、長野県初の氷河「カクネ里氷河」であることが2018年に確認されました。これらの山々でも、季節によって体羽の色が極端に変わるライチョウの姿を目にすることができます。

長野県 朝日村

Lot No.	Lot No.	Lot No.	Lot No.	Lot No.

デザインの由来

設置開始 1991年

カタクリの花

ヒメギフチョウ

村花の「カタクリ」の花と、村天然記念物に指定されている花とメギフチョウをデザインしたマンホールです。カタクリは球根を植えてから花が咲くまで7年かかると言われ、春の数日間だけ花を見ることができる、小さなはかないその美しさから「春の女神」とも呼ばれる花の名前です。村の天然記念物に指定されているとメギフチョウは里山に多い蝶で、晴れた日のみ活動するところから「春の女神」とも呼ばれる蝶である。【春かな日本の田舎】である朝日村をイメージしています。ここにまた天然の朝日村は、貴重な動植物の誕生地・生育地の保護にも力を入れています。

1812-00-001
朝日村役場 建設環境課窓口

第9弾

20-451-A001
448-62-10-1
2018.12

配布場所
朝日村役場
【平日】建設環境課窓口
【土日祝】休日通用門（建物裏側）
配布場所住所
長野県東筑摩郡朝日村大字古見
1555-1

36°07'45.0"N
137°53'00.6"E

朝日村の花「カタクリ」と、村天然記念物に指定されている「ヒメギフチョウ」をデザインしたマンホール蓋です。カタクリは球根を植えてから花が咲くまでに7年かかると言われ、春の数日間だけ花を見ることができる、小さなはかないその美しさから「春の妖精」とも呼ばれます。ヒメギフチョウは里山に多い蝶で、晴れた日のみ活動するところから「春の女神」と呼ばれています。

岐阜県 高山市

Lot No.	Lot No.	Lot No.	Lot No.	Lot No.

デザインの由来

設置開始 2016年

こばのみつばつつじ

春の高山祭

高山市は東京都に匹敵する広大な面積で、9種類の個性を持ったデザイン蓋があり、これらの中で一番多く使われているデザイン蓋です。このデザインは高山市の花として親しまれている「こばのみつばつつじ」を図案化したもので、色彩し表は1986年から使用されているユネスコ無形文化遺産に登録された「高山祭の屋台行事」の一つ、毎年4月14日・15日に行われる「春の高山祭（山王祭）」の頃、市内のいたる所で見ることができ、つつじの仲間で一番早く花を咲かせ、鮮やかな春の訪れを感じることができることから「いちばんつつじ」とも呼ばれています。

1812-00-001
高山市役所

第9弾

21-203-A001
449-63-9-1
2018.12

配布場所
高山市役所
【平日】水道部下水道課（2階）
【休日】当直室
配布場所住所
岐阜県高山市花岡町2丁目
18番地

36°08'23.3"N
137°15'31.2"E

高山市には9種類の個性的なデザイン蓋があり、中でも最も多く使われているのが「こばのみつばつつじ」のデザインです。高山市の花として親しまれている「こばのみつばつつじ」は、ユネスコ無形文化遺産に登録された「高山祭の屋台行事」のひとつ、毎年4月14日・15日に行われる「春の高山祭（山王祭）」の頃、市内のいたる所でその美しい姿を見ることができます。

岐阜県 飛騨市

岐阜県
飛騨市
21-217-A001

36°14'00.6"N
137°11'07.9"E

450-64-10-1

デザインの由来

設置開始 1992年　瀬戸川と花菖蒲

飛騨市は、古川町、神岡町、河合村、宮川村の2町2村が合併して平成16年に誕生しました。このマンホール蓋は旧古川町地域の公共下水道で採用されたもので、古川町の代表的な観光地である「瀬戸川と白壁土蔵」の景観イメージから、当時の町の花「花菖蒲」と瀬戸川に泳ぐ鯉を図形化して4つずつ配置しています。中央には「下水」の文字、周囲には「古川」の文字がそれぞれ図形化して配置しています。この蓋は公募によりデザインが決定された平成4年当時のもので、現在は中央の下水の文字に飛騨市の市章を配置したものが使用されています。

1812-00-001
飛騨古川まつり会館　©GKP

第9弾

21-217-A001
450-64-10-1
2018.12

配布場所
飛騨古川まつり会館
配布場所住所
岐阜県飛騨市古川町壱之町
14番5号

飛騨市は、古川町、神岡町、河合村、宮川村の2町2村が合併して平成16年に誕生しました。このマンホール蓋は旧古川町地域の公共下水道で採用されたもので、古川町の代表的な観光地である「瀬戸川と白壁土蔵」の景観イメージから、当時の町の花「花菖蒲」と瀬戸川に泳ぐ鯉を図形化して4つずつ配置しています。中央には「下水」、周囲には「古川」の文字がそれぞれ図形化して配置されています。

静岡県 静岡市

静岡県
静岡市
22-100-B001

静岡市

35°01'25.1"N
138°29'19.1"E

451-65-12-2

デザインの由来

設置開始 2018年　三保松原と富士山　清里マブの大漁子

「ちびまる子ちゃん」の原作者さくらももこ氏は静岡市清水区(旧清水市)出身です。さくらももこ氏、平成30年6月7日でひまる子ちゃんがデザインされたマンホール蓋を静岡市に寄贈しました。描き下ろした2種類のイラストは、「お茶・富士山・駿河湾」がコンセプトとなっています。有難くれた静岡市内に設置され、JR清水駅江尻口前の蓋には、ピンク色の帽子をかぶり、おしゃれをしてニッコリ笑っている「まるちゃん」が描かれています。「ちびまる子ちゃん」のふるさと、漫画やアニメ、映画などで描かれた清水の町を、今にもまるちゃんが飛び出してきそうな市民を残しています。

1812-00-001
JR清水駅前観光案内所　©GKP

第9弾

22-100-B001
451-65-12-2
2018.12

配布場所
清水駅前観光案内所
(JR清水駅前)
配布場所住所
静岡県静岡市清水区辻1丁目
1-3-103　アトラス清水駅前1階

静岡市清水区(旧清水市)出身の漫画家・さくらももこ氏のイラストがデザインされたマンホール蓋です。さくら氏の手による2種類のイラストは、「お茶・富士山・駿河湾」がコンセプトとなっています。静岡市は『ちびまる子ちゃん』のふるさと。JR清水駅江尻口前の蓋には、ピンク色の帽子をかぶり、おしゃれをしてニッコリ笑っている「まるちゃん」が描かれています。

静岡県 熱海市

第9弾

22-205-B001
452-66-13-2
2018.12

配布場所
熱海市観光協会
（ワカガエルステーション）
配布場所住所
静岡県熱海市渚町2018-8
親水公園レインボーデッキ内
（初川寄り）

熱海市のマンホール蓋は、市花である「梅」、そして熱海温泉の文化の象徴である「芸妓」を図案化し、「熱海市市制80周年」のロゴマークを配したデザインです。JR来宮駅前と熱海梅園周辺の歩道及び熱海梅園の園内に設置されています。熱海梅園は、1886年（明治19年）に開園し、日本で最も早咲きの梅の名所として全国にその名を知られ、多くの観光客が訪れています。

静岡県 御殿場市

第9弾

22-215-A001
453-67-14-1
2018.12

配布場所
御殿場市富士山交流センター
富士山樹空の森
配布場所住所
静岡県御殿場市印野1380-15

御殿場市のマンホール蓋の中心には、1955年に誕生した市の幕開けの象徴として、1944年から25年間にわたって活躍したSL「D52」が描かれています。富士の麓の高原都市である御殿場市では、周辺よりやや遅い4月上旬に、市の花フジザクラをはじめとした桜が咲き誇ります。このマンホール蓋の図柄と同様の、富士山と桜の共演を市内各所で楽しむことができます。

愛知県 流域下水道

Lot No.	Lot No.	Lot No.	Lot No.	Lot No.

愛知県
流域下水道
23-000-A001

35°13'52.6"N
136°45'18.0"E

デザインの由来

第9弾

23-000-A001
454-68-20-1
2018.12

配布場所
愛知県下水道科学館

配布場所住所
愛知県稲沢市平和町須ケ谷
長田295-3

水の循環をイメージし、愛知県の鳥コノハズクと愛知県の花カキツバタを配したデザインのマンホール蓋です。「幸運を呼ぶ鳥」コノハズクと、「幸運が来る」という花言葉を持つカキツバタを組み合わせたこの縁起が良い図案は、愛知県流域下水道のマンホール蓋として2018年に設置されました。そこには「きれいな水のおかげで、動植物が住みやすい環境になりますように」との願いが込められています。

愛知県 半田市

Lot No.	Lot No.	Lot No.	Lot No.	Lot No.

愛知県
半田市
23-205-A001

34°53'37.3"N
136°56'05.5"E

デザインの由来

第9弾

23-205-A001
455-69-21-1
2018.12

配布場所
半田市役所
【平日】水道部下水道課
【休日・時間外】時間外窓口

配布場所住所
愛知県半田市東洋町二丁目1番地

半田市のマンホール蓋のデザインは、下水道汚水整備事業に着手した1986年に「市民に親しまれる下水道」を目指し、公募にて選ばれました。中央には市章を、まわりには市の木「黒まつ」と市の花「サツキ」を描いています。市章は「半田」の2文字を図案化したもので、中の円で「和」を、外に向かった八先で市政の発展を表しています。黒まつとサツキは、どちらも知多半島に自生しています。

愛知県 碧南市

第9弾

23-209-A001
456-70-22-1
2018.12

配布場所
【平日】碧南市役所下水道課
愛知県碧南市松本町28番地
【火曜日〜日曜日、祝日】
碧南市藤井達吉現代美術館
愛知県音羽町1丁目1番地

碧南市のマンホール蓋のデザインは、中央に市章を配し、そのまわりに市の花「ハナショウブ」と「カモメ」を描き、「海へのひろがりと自然との調和ある都市碧南市」というイメージを図案化したものです。昭和63年に市内の4年生以上の小学生と中学生を対象にデザイン案を募集し、応募総数298点の中から選ばれた作品を元に、その一部を専門家が修正することで完成しました。

愛知県 犬山市

第9弾

23-215-A001
457-71-23-1
2018.12

配布場所
犬山市役所
【平日】本庁舎2階下水道課
【休日】本庁舎1F宿直
配布場所住所
愛知県犬山市大字犬山字東畑
36番地

犬山市が誇る国宝「犬山城」と、ほとりに流れる「木曽川」、350余年の歴史を持つ「木曽川うかい」をイメージしたデザインのマンホール蓋です。犬山城は、室町時代の1537年に織田信長の叔父・織田信康により築城されました。大河木曽川のほとり、小高い山の上に建てられた「後堅固の城」で、天守最上階からの眺めは絶景。木曽川うかいは、鵜舟に乗った鵜匠が海鵜を訓練し、川魚を捕らせる古代漁法です。

愛知県 東浦町

Lot No.	Lot No.	Lot No.	Lot No.	Lot No.

愛知県
東浦町
23-442-A001

34°58'52.9"N
136°58'19.0"E

デザインの由来

ウノハナ

トビハゼ

設置開始 1991年

中央に描かれている魚は、昭和40年代まで本町の河川の河口付近でよく見られた「トビハゼ」と呼ばれている魚です。河川の水がきれいになり、元気なトビハゼを再び見ることができるようにとの願いから、清流復活のシンボルとしてデザインされています。

1812-00-001
東浦町役場　上下水道課　©GKP

第9弾

23-442-A001
458-72-24-1
2018.12

配布場所
【平日】東浦町役場　上下水道課
【休日】東浦町役場　当直室
配布場所住所
愛知県知多郡東浦町大字
緒川字政所20番地

東浦町の緒川地区が「卯の花の里」と古歌にもしばしば詠まれていた由縁があることから、町花「ウノハナ」と東浦町の町章マークで縁が飾られているマンホール蓋です。中央に描かれている魚は、昭和40年代まで本町の河川の河口付近でよく見られた「トビハゼ」です。河川の水がきれいになり、元気なトビハゼを再び見ることができるようにとの願いから、清流復活のシンボルとしてデザインされています。

三重県 四日市市

Lot No.	Lot No.	Lot No.	Lot No.	Lot No.

三重県
四日市市
24-202-B001

よっかいちし

34°57'58.9"N
136°37'07.1"E

デザインの由来

四日市市工場夜景

ロングビーチ市

シドニー港　天津市

設置開始 1991年

四日市市が1991年（平成3年）に採用した3種類のデザイン蓋のうちのひとつで、四日市市と、アメリカのロングビーチ市、オーストラリアのシドニー港をイメージしたものを描いています。1983年（昭和58年）にアメリカのロングビーチ市との姉妹都市提携を結び、1980年（昭和55年）に中国天津市と友好都市提携を結び、1985年（昭和60年）にオーストラリアシドニー市と四日市港姉妹提携を行いました。国際都市化、大規模な石油化学コンビナートを有する本市は点や今後のつながりを持つこれらの都市・港の発展を願い、親善交流活動を続けています。

1812-00-001
お休み処四十三茶屋　観光案内所　©GKP

第9弾

24-202-B001
459-73-10-2
2018.12

配布場所
お休み処四十三茶屋
観光案内所（四日市観光協会）
配布場所住所
三重県四日市市安島1-1-56
四日市物産観光ホール内

これは四日市市が1991年に採用した3種類のデザイン蓋のうちのひとつで、四日市市と、姉妹都市であるアメリカのロングビーチ市、四日市港の姉妹港であるオーストラリアシドニー港があるオーストラリアのシドニー市、友好都市である中国天津市をイメージしています。大規模な石油化学コンビナートを有する四日市市は、共通点やつながりを持つこれらの都市・港の発展を願い、親善交流活動を続けています。

長野県 飯田市

Lot No.	Lot No.	Lot No.	Lot No.	Lot No.

長野県
飯田市
20-205-A001

35°30'58.8"N
137°49'33.3"E

デザインの由来

設置開始 1987年

りんご並木

りんごの木

飯田市は1947年に市街地の大半を焼失する大火に見舞われました。その大火からの復興の過程でつくられたのがりんご並木で、今や並木には約300mの道路に13種類26本のりんごの木が植えられ、飯田市のシンボルとして市民に親しまれています。蓋は、市章、市内には力ラー版のマンホール蓋と、色付けのないマンホール蓋の2種類が設置されています。カラー版のマンホール蓋はこのりんご並木にも設置されていますので、ぜひ実物を見てみてください。

1908-00-001
飯田市役所 上下水道局 下水道課　©GKP

第10弾
20-205-A001
515-74-11-1
2019.08

配布場所
飯田市役所
【平日】上下水道局下水道課
【休日】本庁舎当直室
配布場所住所
長野県飯田市大久保町2534

飯田市のマンホール蓋は、市のシンボルである「りんごの木」と市章をデザインしたものです。飯田市は1947年に市街地の大半を焼失する大火に見舞われました。その大火からの復興の過程でつくられたのがりんご並木です。このカラー版のマンホール蓋が多く設置されているりんご並木には、約300mの道路に13種類26本のりんごの木が植えられており、市民に親しまれています。

岐阜県 飛騨市

Lot No.	Lot No.	Lot No.	Lot No.	Lot No.

岐阜県
飛騨市
21-217-B001

36°20'05.6"N
137°17'52.5"E

デザインの由来

設置開始 1994年

ちんかぶキャラクター

清流・高原川

飛騨市は、古川町、神岡町、河合村、宮川村の2町2村が合併して平成16年に誕生しました。このマンホール蓋のデザインは、平成6年に当時の神岡町民の皆さんからの公募により決定されました。当時の神岡町地域のイメージキャラクター「ちんかぶ」が、美しい緑の山々に囲まれた、清流・高原川で楽しくのびのびと泳いでいる様子が表現されています。「ちんかぶ」とは清流に住む淡水魚・カジカのことで、神岡町地域での呼び名です。清流・高原川は、旬のシンボルとしてお結びや鮎が生息している清流・高原川は、旬のシンボルとしておなじみで、鮎釣りのメッカとして釣りファンの間では全国的に知られています。

1908-00-001
スカイドーム神岡　©GKP

第10弾
21-217-B001
516-75-11-2
2019.08

配布場所
道の駅スカイドーム神岡
配布場所住所
岐阜県飛騨市神岡町
夕陽ヶ丘6

飛騨市のマンホール蓋のデザインは、平成6年に当時の神岡町民からの公募によって決定しました。当時の神岡町地域のイメージキャラクター「ちんかぶ」が、美しい緑の山々に囲まれた、清流・高原川で楽しくのびのびと泳いでいる様子が表現されています。「ちんかぶ」とは清流に住む淡水魚・カジカのことで、神岡町地域での呼び名です。清流・高原川は鮎釣りのメッカとしても知られています。

岐阜県 郡上市

岐阜県
郡上市

21-219-B001

35°48'42.1"N
136°55'29.4"E

デザインの由来

設置開始 1993年 / やまつつじ / 古今伝授

色鮮やかな「やまつつじ」の中に、「古今伝授の里」の文字を合わせたデザイン蓋です。「古今伝授」とは、古今和歌集の解釈などを秘伝として師から弟子へ伝授することで、室町時代に東常縁が連歌師宗祇に伝えたのが始まりとされています。郡上大和は、その東氏が320年間にわたり拠点とし栄えた地域で、その名残を随所に留めています。こうした城を背景に、郡上大和は「古今伝授の里」として、日本人が培ってきた自然観や季節観、人々の営みの美しさを大切にしながらも水と緑の豊かな自然、歌の心、和歌の歴史と文化を未来永劫に語り伝えようとマンホール蓋に想いを込めました。

1908-00-001
道の駅 古今伝授の里やまと ©GKP

第10弾

21-219-B001
517-76-12-2
2019.08

配布場所
道の駅古今伝授の里やまと

配布場所住所
岐阜県郡上市大和町剣
164番地

郡上市のマンホール蓋は、色鮮やかな「やまつつじ」の中に、「古今伝授の里」の文字を合わせたデザインになっています。「古今伝授」とは、古今和歌集の解釈などを秘伝として師から弟子へ伝授することで、室町時代に東常縁が連歌師宗祇に伝えたのが始まりとされています。郡上大和は、その東氏が320年間にわたり拠点とし栄えた地域で、現在に至るまで随所にその名残を留めています。

愛知県 豊田市

愛知県
豊田市

23-211-B001

とよたし うすい

35°05'12.2"N
137°09'21.0"E

デザインの由来

設置開始 2018年 / 豊田大橋 / 豊田スタジアム

2018年から始まった下水道の雨水マンホール更新事業のために製作されたマンホール蓋です。蓋には、建築家・故黒川紀章氏が設計した「豊田大橋」や豊田市中央公園内にある球技専用の「豊田スタジアム」を中心に、市街地を流れる矢作川と、市の木である「けやき」を配置しました。豊田スタジアムは、Jリーグ・名古屋グランパスのホームスタジアムでもあり、試合・イベント開催としてのにぎわいの中心となっています。また、世界をリードするものづくりの中枢都市としての顔を持つ一方、地域を流れる矢作川、豊かな森林や田畑が応活する豊かな水と緑のまちを表現しました。

1908-00-001
名鉄豊田市駅東南ザコンテナーニヱヌロク ©GKP

第10弾

23-211-B001
518-77-25-2
2019.08

配布場所
コンテナーニシマチ6

配布場所住所
愛知県豊田市西町6丁目
81番地4

2018年から始まった下水道の雨水マンホール更新事業のために製作されたこのマンホール蓋には、建築家・故黒川紀章氏が設計した「豊田大橋」や豊田市中央公園内にある球技専用の「豊田スタジアム」を中心に、市街地を流れる矢作川と、市の木である「けやき」がデザインされています。豊田スタジアムは、Jリーグのサッカークラブ「名古屋グランパス」のホームスタジアムでもあります。

愛知県 大府市

Lot No.	Lot No.	Lot No.	Lot No.	Lot No.

愛知県
大府市
23-223-A001

おおぶし　おおすし
けんこうとし

35°00'32.1"N
136°57'43.5"E

519-78-26-1

デザインの由来

設置開始 2018年

「健康都市おおぶ」をPRするキャラクター「おぶちゃん」を中央に据え、周囲に市の花クチナシをあしらったデザイン蓋です。大府市は古くから健康づくりのさかんなまちで、市民の公募から生まれた「おぶちゃん」は「健康都市おおぶ」の旗振り役です。「おぶちゃん」の体の形は大府市の地形を表しており、明るい黄色は元気のしるしです。タスキは未来への健康の橋渡し役をあらわしています。市内の子供たちや高齢者の方々は、「おぶちゃん体操」で楽しみながら身体を動かし、元気モリモリです。大府市の豊かな自然環境とまわりの発展を、この「おぶちゃん」が見守ってくれています。

KURUTOおおぶ
©GKP

ハナショウブ　ヨシキリ

第10弾

23-223-A001
519-78-26-1
2019.08

配布場所
大府市健康にぎわいステーション
KURUTOおおぶ

配布場所住所
愛知県大府市中央町三丁目
278番地(JR大府駅構内)

「健康都市おおぶ」をPRするキャラクター「おぶちゃん」を中央に描き、周囲に市の花クチナシをあしらったマンホール蓋です。大府市は古くから健康づくりのさかんなまちで、市民の公募から生まれた「おぶちゃん」は「健康都市おおぶ」の旗振り役です。「おぶちゃん」の体の形は大府市の地形を表しており、明るい黄色は元気のしるしです。タスキは未来への健康の橋渡し役であることを表しています。

愛知県 蟹江町

Lot No.	Lot No.	Lot No.	Lot No.	Lot No.

愛知県
蟹江町
23-425-A001

KANIE

かにえ　おすい

35°08'09.5"N
136°46'55.5"E

520-79-27-1

デザインの由来

設置開始 2004年

蟹江町のキャラクター「かに丸くん」をはじめ、町の花「ハナショウブ」、木「キンモクセイ」、鳥「ヨシキリ」がデザインされたマンホール蓋です。昔の蟹江は、南部が海に面した入り江で、葭(よし)が茂り、多くの蟹が生息していたことから「蟹江」と呼ばれるようになったと伝えられています。今でも町には大小6つの河川が流れ、その風景は水郷の趣たたえています。「ギョギョッ」と鳴き声を響かせるハナショウブは初夏に大きく艶やかな白や紫の花をつけ、キンモクセイは秋には橙色の可憐な小花を咲かせて、甘い芳香を放ちます。

ハナショウブ　キンモクセイ
ヨシキリ　かにまるくん

蟹江町水道事務所
©GKP

第10弾

23-425-A001
520-79-27-1
2019.08

配布場所
【平日】蟹江町水道事務所
(蟹江町上下水道部下水道課)
愛知県海部郡蟹江町学戸一丁目225番地

【休日】蟹江町歴史民俗資料館
愛知県海部郡蟹江町城一丁目214番地

蟹江町のキャラクター「かに丸くん」をはじめ、町の花「ハナショウブ」、木「キンモクセイ」、鳥「ヨシキリ」がデザインされたマンホール蓋です。昔の蟹江は、南部が海に面した入り江で、葭(よし)が茂り、多くの蟹が生息していたことから「蟹江」と呼ばれるようになったと伝えられています。今でも町には大小6つの河川が流れ、その風景は水郷のまちを象徴する趣があります。

長野県 流域下水道

長野県
流域下水道
20-000-C001

36°36'39.5"N
138°13'16.9"E

デザインの由来

設置開始 1991年

千曲川流域下水道を構成する3市2町1村の美しい里山と遠くに見える北アルプス、善光寺平を流れる千曲川を背景に、日本海から遡上してきたサケを中央に配置しています。かつての千曲川流域は、日本海から多くのサケが遡上し、サケ漁も盛んでした。現在も我慢の簡単による鮭の大の数を投資され発性されます。今スケによる遡上などかなり確認されていませんが、サケが再び遡上してくることは長野県民の願いです。下水道事業の推進と共に、地域データーとなって千曲川を守り続けることにより、多くのサケが再び遡上してくることを願ってデザインしました。

1912-00-001
アクアパル千曲

千曲川・里山

近年遡上したサケ

第11弾

20-000-C001
575-80-12-3
2019.12

配布場所
千曲川流域下水道事務所
上流処理区終末処理場

配布場所住所
長野県長野市真島町川合
1060-1

このマンホール蓋は、千曲川流域下水道を構成する美しい里山と、遠くに見える北アルプス、善光寺平を流れる千曲川を背景に、日本海から遡上してきたサケを中央に配置しています。かつての千曲川流域は、日本海から多くのサケが遡上し、サケ漁が盛んでした。下水道事業の推進と共に、千曲川をきれいな状態で守り続けることで、「再び多くのサケが遡上してきてほしい」という願いがこのデザインに込められています。

長野県 諏訪市

長野県
諏訪市
20-206-A001

36°02'47.9"N
138°07'00.9"E

デザインの由来

設置開始 2019年

諏訪湖の湖上を彩る花火と三大湖城のひとつ高島城が描かれたこのマンホール蓋は、令和元年に公募により選ばれたデザインを基に製作されました。魚が泳ぐ諏訪湖と高島城の石垣の中には「ミンナデキレイナ」の言葉が隠れており、「諏訪湖がさらにきれいになれば」という願いが込められています。打上数、規模ともに毎年全国に屈指の諏訪湖の湖水上浮かんで見えたことから「手繍」とも呼ばれている高島城には層が御殿天守が建てられ、天守最上階からの眺望は絶景です。

1912-00-001
諏訪市観光案内所

諏訪湖の花火

高島城

第11弾

20-206-A001
576-81-13-1
2019.12

配布場所
諏訪市観光案内所

配布場所住所
長野県諏訪市諏訪1-1-18
JR上諏訪駅内

諏訪湖の湖上を彩る花火と三大湖城のひとつ高島城が描かれたこのマンホール蓋は、令和元年に公募により選ばれたデザインを元に製作されました。魚が泳ぐ諏訪湖と高島城の石垣の中には「ミンナデキレイナ」の言葉が隠れており、「諏訪湖をさらにきれいに」という願いが込められています。打上数、規模ともに全国屈指の諏訪湖祭湖上花火大会は毎年8月に開催され、多くの見物客で賑わいます。

長野県 伊那市

Lot No.	Lot No.	Lot No.	Lot No.	Lot No.

GET ✓

長野県 伊那市
20-209-A001

35°49'34.6"N
137°57'16.8"E

デザインの由来

設置開始 2007年　木曽馬　野望馬と権兵衛神

伊那節に歌われている権兵衛峠を行き来した馬子と木曽馬をモチーフにデザインされたマンホール蓋です。伊那節は伊那地域を代表する民謡で、今でも地域の祭りなどで歌い踊られていて、市民の方々に親しまれています。この蓋の親しみとお蓋の木曽地域の間で、権兵衛峠を通じて米・漆器・木工品などの交易が行われていた地域でしたが、伊那地域ではお互にたくさんされていた。そのため、伊那地域はお米・木曽地域は漆器や磁や陶などの木工品を用いた交易を行っていました。マンホールに描かれているのは、その当時の情景を思い起こさせる一場面です。

1912-00-001
みはらしの湯

第11弾

20-209-A001
577-82-14-1
2019.12

配布場所
みはらしの湯
長野県伊那市西箕輪3480-1
【みはらしの湯休館日】
伊那市役所
長野県伊那市下新田3050番地

伊那地域を代表する民謡「伊那節」で歌われている権兵衛峠を行き来した馬子と木曽馬をモチーフにデザインされたマンホール蓋です。「伊那節」は今でも地域の祭りなどで歌い踊られていて、市民の間で親しまれています。かつて、伊那地域と木曽地域の間では権兵衛峠を通じて米・漆器・木工品などの交易が行われていました。このマンホール蓋には、その当時の情景を思い起こさせる一場面が描かれています。

長野県 佐久市

Lot No.	Lot No.	Lot No.	Lot No.	Lot No.

GET ✓

長野県 佐久市
20-217-A001

36°16'38.2"N
138°27'52.7"E

デザインの由来

設置開始 2019年　バルーン・イリュージョン　ラッピングバス

主人公ケンシロウの決め台詞「お前はもう死んでいる」でお馴染みの「北斗の拳」(漫画:原 哲夫氏)は、佐久市出身の漫画原作者武論尊氏の代表作として製作されました。全7種ある「北斗の拳」連載35周年を記念して製作されました。全7種あるマンホール蓋は、北斗七星を象って佐久平駅蓼科口の歩道内に配置されています。武論尊氏は、自ら塾長を務める漫画塾をはじめ、『北斗の拳』バルーンやラッピングバスなど、多岐にわたるコラボ事業で佐久市の振興に貢献しています。ふるさと佐久市の振興に貢献されているマンホール蓋の鑑賞とあわせて、雄大な山並みと清流に描かれた佐久市を散策してはいかがでしょうか。

1912-00-001
佐久市下水道管理センター

第11弾

20-217-A001
578-83-15-1
2019.12

配布場所
【平日】佐久市下水道管理センター
長野県佐久市中込1335番地
【休日】プラザ佐久
長野県佐久市佐久平駅東1番地1

このマンホール蓋は、佐久市出身の漫画原作者・武論尊氏の代表作『北斗の拳』(漫画:原 哲夫氏)連載35周年を記念して製作されました。全7種あるマンホール蓋は、北斗七星を象って佐久平駅蓼科口の歩道内に配置されています。武論尊氏は、自ら塾長を務める漫画塾をはじめ、『北斗の拳』バルーンやラッピングバスなど、多岐にわたるコラボレーション事業で佐久市の振興に貢献しています。

長野県 千曲市

Lot No.	Lot No.	Lot No.	Lot No.	Lot No.

長野県
千曲市
20-218-C001

36°29'12.5"N
138°08'58.6"E

デザインの由来

設置開始 1993年
つつじ
まつよい草　菊

旧戸倉町(とぐらまち)は、江戸時代には国道街道の宿場町として、大正時代からは温泉町として発展した当時の町花「つつじ」「まつよい草」「菊」をモチーフにしています。バックデザインには長さ日本一の信濃川本流「千曲川」の清流に日光が反射して光る様が描かれています。

1912-00-001
千曲市戸倉創造館
©GKP

第11弾

20-218-C001
579-84-16-3
2019.12

配布場所
千曲市戸倉創造館
配布場所住所
長野県千曲市大字戸倉
2305番地1

2003年(平成15年)に合併によって千曲市となった旧戸倉町(とぐらまち)は、江戸時代には北国街道の宿場町として、大正時代からは温泉町として発展した町です。このマンホール蓋は、住民に長く親しまれている当時の町花「つつじ」「まつよい草」「菊」をモチーフにしています。バックには、長さ日本一の信濃川本流「千曲川」の清流に日光が反射して光る様が描かれています。

長野県 南木曽町

Lot No.	Lot No.	Lot No.	Lot No.	Lot No.

長野県
南木曽町
20-423-A001

35°34'42.5"N
137°35'42.7"E

デザインの由来

設置開始 2000年
町章　なぎそミツバツツジ
妻籠クリーンセンター

1912-00-001
妻籠宿観光案内所
©GKP

第11弾

20-423-A001
580-85-17-1
2019.12

配布場所
妻籠宿観光案内所
配布場所住所
長野県木曽郡南木曽町吾妻
2159-2

南木曽町の町花「なぎそミツバツツジ」と町章がデザインされたマンホール蓋です。なぎそミツバツツジは、南木曽町周辺にしか見られない珍種で、花が咲いた後に3枚の葉が出ることから「ミツバ」ツツジと名付けられました。春には天白公園の高台に群生する6種のミツバツツジが鮮やかな花を咲かせます。町章は南木曽(ナギソ)の「ナ」を図案化したもので、簡明にして躍動しつつ、ふくよかさも表現しています。

岐阜県 高山市

岐阜県 高山市
21-203-B001

36°11'25.9"N
137°33'05.2"E

581-86-13-2

デザインの由来

設置開始 2018年

中部山岳国立公園に指定されている標高3,000m級の山々が連なる飛騨山脈(北アルプス)の山並をバックに、そこに生息する「おこじょ」のキャラクターが描かれたマンホール蓋です。高山市は東京都に匹敵する日本一広大な面積を持つ市で、9種類の個性を持ったデザイン蓋がありますが、このマンホール蓋は上宝・奥飛騨温泉郷地域に設置されています。飛騨山脈の麓には、露天風呂数日本一とも言われる奥飛騨温泉郷があります。新穂高ロープウェイで手軽に雄大なパノラマと日本最高所の山岳景観地にも近く、四季折々の自然が堪能でき、多くの観光客で賑わっています。

1912-00-001
新穂高センター
©GKP

第11弾
21-203-B001
581-86-13-2
2019.12

配布場所
奥飛騨温泉郷観光案内所
(新穂高センター内)
配布場所住所
岐阜県高山市奥飛騨温泉郷
神坂710番地9

標高3,000m級の山々が連なる飛騨山脈(北アルプス)の山並をバックに、そこに生息する「おこじょ」のキャラクターが描かれたマンホール蓋です。高山市は東京都に匹敵する日本一広大な面積を持つ市で、9種類の個性を持ったデザイン蓋がありますが、このマンホール蓋は上宝・奥飛騨温泉郷地域に設置されています。飛騨山脈の麓には、露天風呂数日本一とも言われる奥飛騨温泉郷があります。

岐阜県 垂井町

岐阜県 垂井町
21-361-A001

35°22'12.3"N
136°31'52.7"E

582-87-14-1

デザインの由来

設置開始 2002年

鯉のぼり一斉遊泳
椿

垂井町の春の風物詩である「相川鯉のぼり一斉遊泳」を中心に、町の花「椿」が周囲に配置されたデザインとなっています。「相川鯉のぼり一斉遊泳」は、毎年3月下旬から5月上旬に行われる春の季節を感じるイベントで、町内を流れる相川上空を350匹の鯉のぼりが、雪が残る伊吹山堤防にならぶ200本のソメイヨシノを背景にして泳ぐ様は非常に美しく、イメタ映え間違いなしの撮影スポットです。まるで泳いでいるような絶景を、マンホールで1年中観賞していただけます。

1912-00-001
垂井町役場
©GKP

第11弾
21-361-A001
582-87-14-1
2019.12

配布場所
【平日】垂井町役場 上下水道課
【休日】垂井町役場 宿日直室
配布場所住所
岐阜県不破郡垂井町宮代
2957-11

垂井町の春の風物詩「相川鯉のぼり一斉遊泳」を中心に、周囲に町の花「椿」がデザインされたマンホール蓋です。「相川鯉のぼり一斉遊泳」は、毎年3月下旬から5月上旬に行われるイベントで、町内を流れる相川の上空を350匹の鯉のぼりが泳ぎます。雪が残る伊吹山と堤防にならぶ200本のソメイヨシノを背景にして鯉のぼりが泳ぐ様は非常に美しく、写真撮影スポットとして人気を博しています。

マンホールカード オフィシャルグッズ

『マンホールカード コレクション 3 第9弾〜第12弾＋特別版』
下水道広報プラットホーム（GKP）・著の発売を記念して、
オリジナルグッズを作成しました！

コレクターをアピール！
マンホールカードTシャツ
（東京23区）

裏

表

コレクションのお供に！
マンホールカード
A4クリアファイル（岡山市）

※画像はイメージです。

静岡県 沼津市

静岡県 沼津市
22-203-B001

35°06′03.2″N
138°51′29.8″E

583-88-15-2

デザインの由来

設置開始 2018年

Aqours

本市を舞台とした作品「ラブライブ!サンシャイン!!」に登場するスクールアイドルグループ「Aqours(アクア)」をデザインしたマンホール蓋です。同作品は、本市の内浦地区で結成された「Aqours」の奮闘と成長を描く物語で、このマンホール蓋は、クラウドファンディングを実施して製作されました。この他にも、同作品のオリジナルデザインマンホール蓋が市内各所に設置されていますので、ぜひ探してみてくださいね!

1912-00-001
沼津観光案内所
©GKP

第11弾

22-203-B001
583-88-15-2
2019.12

配布場所
沼津観光案内所

配布場所住所
静岡県沼津市大手町1-1-1
沼津駅ビルアントレ2階

沼津市を舞台とした作品『ラブライブ！サンシャイン!!』に登場するスクールアイドルグループ「Aqours（アクア）」をデザインしたマンホール蓋です。同作品は、沼津市の内浦地区で結成された「Aqours」の奮闘と成長を描く物語で、このマンホール蓋は、クラウドファンディングを実施して製作されました。この他にも、同作品のオリジナルデザインマンホール蓋が市内各所に設置されています。

静岡県 三島市

静岡県 三島市
22-206-A001

三島
スカイウォーク

日本一のつりばし

35°07′21.9″N
138°54′52.4″E

584-89-16-1

デザインの由来

設置開始 2019年

三島スカイウォーク

平成27年12月14日に三島市内に誕生した、歩行者専用としては日本一長い全長400mの「箱根西麓・三島大吊橋」と世界遺産「富士山」がデザインされています。晴天時には日本一高い山「富士山」と日本一深い湾「駿河湾」の3つの「日本一」を見ることができ、また、実物の三島スカイウォークのつり橋の主塔と同じように空けられているような構造が特徴のこのマンホール蓋は、三島駅南口から三嶋大社に向かう、中心市街地を流れる桜川沿いの歩道に5ヶ所設置され、富士山の伏流水が湧き出るせせらぎを眺めながら確認することができます。

1912-00-001
三島市役所都市基盤部下水道課
©GKP

第11弾

22-206-A001
584-89-16-1
2019.12

配布場所
三島観光案内所

配布場所住所
静岡県三島市一番町16-1

平成27年12月14日に三島市内に誕生した、歩行者専用としては日本一長い全長400mの「箱根西麓・三島大吊橋」（愛称：三島スカイウォーク）と世界遺産「富士山」がデザインされたマンホール蓋です。このマンホール蓋は、三島駅南口から三嶋大社に向かう、中心市街地を流れる桜川沿いの歩道に5ヶ所設置され、富士山の伏流水が湧き出るせせらぎを眺めながら確認することができます。

静岡県 伊東市

静岡県
伊東市
22-208-A001

34°58′18.7″N
139°05′50.7″E

デザインの由来

設置開始 2019年

灯籠流し　花火大会

昭和初頭開業の木造旅館を改装した伊東温泉観光・文化施設「東海館」を背景に、趣ある温泉情緒ある街並みと灯籠流し・花火を見て楽しむ親子を図案化したマンホール蓋です。父親が持つ団扇には市の鳥「イソヒヨドリ」が、母親の浴衣には市の花「椿」をデザインしています。伊東市では浴衣での街歩きを楽しめる取組を行っており、市制施行日の8月10日をメインに開催される「按針祭(あんじんさい)」では、海岸一帯を彩る花火が打ち上げられています。ほのかに光る色彩豊かな幻想的な光景は幻想的であり、フィナーレを飾る花火大会では約1万発の花火が打ち上げられます。市の花「椿」の風発祥の地である「光と浴衣」をテーマに、浴衣での街歩きを楽しめる取組を行っています。

1912-00-001
伊東温泉観光・文化施設「東海館」　©GKP

伊東温泉観光・文化施設「東海館」を背景に、情緒ある街並みと灯籠流し・花火を見て楽しむ親子を図案化したマンホール蓋です。父親が持つ団扇には市の鳥「イソヒヨドリ」が、母親の浴衣には市の花「椿」がデザインされています。伊東市では浴衣での街歩きを楽しめる取組を行っており、市制施行日の8月10日をメインに開催される「按針祭(あんじんさい)」のフィナーレでは約1万発の花火が打ち上げられます。

第11弾

22-208-A001
585-90-17-1
2019.12

配布場所
伊東温泉観光・文化施設「東海館」
静岡県伊東市東松原町12-10
【東海館 休館日】
伊東市観光案内所(伊東駅構内)
静岡県伊東市湯川3-12-1

静岡県 掛川市

静岡県
掛川市
22-213-A001

かけがわ　おすい

34°46′07.7″N
138°00′51.1″E

デザインの由来

設置開始 1994年

掛川城

ききょう

掛川市の観光名所のひとつである「掛川城」と市の花である「ききょう」を描いたマンホール蓋です。掛川城は室町時代、駿河の守護大名であった今川氏が遠江進出を狙い、家臣の朝比奈氏に命じて築城させたのがはじまりです。その後、戦国時代には、山内一豊が城主として大改修を行いました。平成6年(1994年)4月に「東海の名城」と呼ばれた美しさそのままに、日本初の「本格木造天守閣」として復元された姿を描いています。また、掛川市内にはこの他にも地区ごとのデザインマンホール蓋が点在しているため、それらを探していただくのもおすすめです。

1912-00-001
掛川城券売所　©GKP

掛川市の観光名所のひとつである「掛川城」と市の花「ききょう」を描いたマンホール蓋です。掛川城は室町時代、駿河の守護大名であった今川氏が遠江進出を狙い、家臣の朝比奈氏に命じて築城させたのがはじまりです。このマンホール蓋には、平成6年(1994年)4月に「東海の名城」と呼ばれた美しさそのままに、日本初の「本格木造天守閣」として掛川城を復元した姿が描かれています。

第11弾

22-213-A001
586-91-18-1
2019.12

配布場所
掛川城券売所

配布場所住所
静岡県掛川市掛川
1138番地の24

静岡県 伊豆の国市

Lot No.	Lot No.	Lot No.	Lot No.	Lot No.

静岡県
伊豆の国市
22-225-A001

35°03'11.6"N
138°56'44.5"E

587-92-19-1

デザインの由来

設置開始 2004年

いちご　韮山反射炉

富士山

伊豆の国市に合併する前の旧韮山町で作成されたマンホール蓋です。世界遺産登録された「韮山反射炉」と「富士山」、伊豆の国市の特産品である「いちご」がデザインされています。反射炉とは、大砲などを鋳造するための溶解炉で、韮山代官・江川太郎左衛門英龍の進言により築造されました。韮山反射炉は実際に稼働した反射炉としては日本で唯一現存しているもので、2015年7月に「明治日本の産業革命遺産」の構成資産として世界文化遺産に登録されました。「韮山」「組ほうの2種類を中心に栽培されており、12月中旬から翌年5月上旬まで、市内各所でいちご狩りを楽しめます。

1912-00-001
伊豆の国市観光案内所

第11弾
22-225-A001
587-92-19-1
2019.12

配布場所
伊豆の国市観光案内所

配布場所住所
静岡県伊豆の国市南條780-3

世界遺産に登録された「韮山反射炉」と「富士山」、伊豆の国市の特産品である「いちご」がデザインされたマンホール蓋です。反射炉とは、大砲などを鋳造するための溶解炉で、韮山代官・江川太郎左衛門英龍の進言により築造されました。韮山反射炉は実際に稼働した反射炉としては日本で唯一現存しているもので、2015年7月に「明治日本の産業革命遺産」の構成資産として世界文化遺産に登録されました。

愛知県 岡崎市

Lot No.	Lot No.	Lot No.	Lot No.	Lot No.

愛知県
岡崎市
23-202-B001

34°57'09.0"N
137°10'09.1"E

588-93-28-2

デザインの由来

設置開始 2019年

DKSN/RUNE

『ジュニアそれいゆ』
第33号表紙(1960年)

独特な感性と多彩な才能で、今や世界中に広がる8日本独自の「Kawaii」文化の原型を作ったアーティスト、内藤ルネは岡崎市羽根町の出身です。当の絵柄には1959年、『ジュニアの日記』の表紙を飾ったルネガールと、世界初のパンダキャラクターである「ルネパンダ」、背景には代表的なモチーフのサンフラワーがデザインされています。それぞれを愛でて設置されました。「カワイイに出会えるまち、オカザキ。」を足元から楽しめるマンホール蓋となっています。観光名所と共に彩り豊かなマンホール蓋探しを楽しみませんか。

1912-00-001
岡崎市観光協会（籠田案内所）

第11弾
23-202-B001
588-93-28-2
2019.12

配布場所
岡崎市観光協会（籠田案内所）

配布場所住所
愛知県岡崎市康生通東
2丁目47番地

岡崎市のマンホール蓋は、岡崎市羽根町出身のアーティスト・内藤ルネとのコラボレーションによって誕生しました。1959年に『ジュニアの日記』の表紙を飾ったルネガールと、世界初のパンダキャラクターである「ルネパンダ」、背景には代表的なモチーフのサンフラワーがデザインされており、「カワイイに出会えるまち、オカザキ。」を足元から楽しめる作品となっています。

愛知県 半田市

愛知県
半田市
23-205-B001

34°54'04.5"N
136°55'43.3"E

589-94-29-2

デザインの由来

半田市のマンホール蓋のデザインは、下水道汚水整備事業に着手した1986年に「市民に親しまれる下水道」を目指し、公募にて選ばれました。中央には市章を、まわりには市の木「黒まつ」と市の花「サツキ」を描いています。市章は「半田」の2文字を図案化したもので、中の円で「和」を、外に向かった八先で市政の発展を表しています。黒まつとサツキは、どちらも知多半島に自生しており、水や花に囲まれた美しい街づくりをという思いが込められています。のデザインには、発展する街の姿と花と緑につつまれた豊かな半田市を表現する蓋がいっぱいになっています。

1912-00-001
半田赤レンガ建物　©GKP

第11弾

23-205-B001
589-94-29-2
2019.12

配布場所
半田赤レンガ建物
配布場所住所
愛知県半田市榎下町8番地

半田市のマンホール蓋は、中央には市章が、その周りには市の木「黒まつ」と市の花「サツキ」が描かれています。市章は「半田」の2文字を図案化したもので、中の円で「和」を、外に向かった八先で市政の発展を表しています。黒まつとサツキはどちらも知多半島に自生しており、このデザインには「半田市を木や花に囲まれた美しい街にしていこう」という思いが込められています。

愛知県 扶桑町

愛知県
扶桑町
23-362-A001

ふそう　おすい

35°21'34.9"N
136°54'56.5"E

590-95-30-1

デザインの由来

扶桑町の制作文化財である「儀典用端折長柄傘」を中心に、その周りを町の花「ひまわり」をモチーフにしたデザインになっています。「儀典用端折長柄傘」は骨の端を内側に折り曲げた長柄の傘で、かつては公家や僧侶、馬上の貴人などに後ろからさしかけたり、広く利用されていたものです。町の花「ひまわり」は平成4年に町制施行40周年を記念して定められました。「太陽とみどりと健康のまち」、ホスピタリティ豊かな生活都市」を掲げ、明るい街づくりを目指すが町ふそうのシンボルにふさわしい花として選定されたものです。

1912-00-001
扶桑町役場　©GKP

第11弾

23-362-A001
590-95-30-1
2019.12

配布場所
【平日】扶桑町役場　都市整備課
【休日】扶桑町役場　宿直室
配布場所住所
愛知県丹羽郡扶桑町大字
高雄字天道330

扶桑町のマンホール蓋は、無形文化財である「儀典用端折長柄傘」を中心に、その周りを町の花「ひまわり」で飾ったデザインになっています。「儀典用端折長柄傘」は骨の端を内側に折り曲げた長柄の傘で、かつては公家や僧侶、馬上の貴人などに後ろからさしかけたり、広く利用されていたものです。町の花「ひまわり」は平成4年に町制施行40周年を記念して定められました。

三重県 松阪市

三重県
松阪市
24-204-B001

CHACHAMO & MANHO

34°34'42.3"N
136°31'48.7"E

591-96-11-2

デザインの由来

設置開始 2019年

マンホーくん　ちゃちゃも

「ちゃちゃも」は松阪市が合併5周年を迎えたことを記念して平成22年2月に誕生したマスコットキャラクター（女の子）で、世界ブランド「松阪牛」をモチーフに、松阪牛の豊かな白色と、そのやわらかく丸い「おいしいお肉」が特徴を表しています。「マンホーくん」は、松阪市のブランド大使で児童文学作家の村上しいこ氏と絵本作家たかいよしかずさんの児童書『へんなともだちマンホーくん』に登場する正義の味方のキャラクターですこの度コラボして、松阪市のデザインマンホール蓋となりました。両者が手を合わせてあたたかく、可愛らしい姿をぜひご覧ください！

1912-00-001
豪商のまち松阪　観光交流センター　©GKP

第11弾

24-204-B001
591-96-11-2
2019.12

配布場所
【通常】豪商のまち松阪
　　　　観光交流センター
三重県松阪市魚町1658番地3
【12/30〜1/2】松阪市役所1階当直室
三重県松阪市殿町1340番地1

松阪市のマンホール蓋は、世界的なブランド「松阪牛」をモチーフにしたマスコットキャラクター「ちゃちゃも」と、児童文学作家の村上しいこ氏（松阪市のブランド大使）と絵本作家たかいよしかずによる児童書『へんなともだちマンホーくん』に登場する「マンホーくん」のコラボレーションによって生まれたデザインです。松阪市が合併5周年を迎えたことを記念して、平成22年2月に誕生しました。

山梨県 甲府市

山梨県
甲府市
19-201-B001

おすい

35°38'42.9"N
138°33'11.6"E

640-97-6-2

デザインの由来

設置開始 1995年

ナデシコ

甲府市は山梨県内に広がる甲府盆地の中心に位置しており、山々に囲まれた地形のため夏は暑く、冬は寒い気候となります。ナデシコは、そのような酷暑・寒風に耐えて美しい花を大空に向かって咲かせることから、昭和37年に甲府市の花として制定され、以降、ナデシコは広く市民に親しまれています。「ナデシコの花のように下を向かず上を向いて咲いてほしい」という思いから平成7年にマンホールのデザインに取り入れました。どの方向から見てもナデシコの花が美しく、耐スリップ性や耐摩耗性などの機能性も兼ね備えたデザインとなっています。ぜひ実物をご覧ください。

2004-00-001
甲府市立図書館　©GKP

第12弾

19-201-B001
640-97-6-2
2020.04

配布場所
甲府市立図書館

配布場所住所
山梨県甲府市城東1丁目
12-33

甲府市で市民に親しまれる「ナデシコ」をデザインしたマンホール蓋です。どの方向から見てもナデシコの花が美しく、耐スリップ性や耐摩耗性などの機能性も兼ね備えたデザインが特徴です。甲府市は山々に囲まれた地形のため夏は暑く、冬は寒い気候となります。ナデシコは、そのような酷暑・寒風に耐えて美しい花を大空に向かって咲かせることから、昭和37年に市の花として制定されました。

長野県 岡谷市

Lot No.	Lot No.	Lot No.	Lot No.	Lot No.

長野県
岡谷市
20-204-A001

36°02'57.1"N
138°01'42.5"E

デザインの由来

設置開始 1991年

鶴峯公園(上空から)

鶴峯公園

岡谷市の市花「つつじ」のデザインです。毎年5月になると「鶴峯公園つつじ祭り」が開催され、多くの見物客で賑わいます。鶴峯公園のつつじは、当時の川岸村が養糸業を発展させた片倉兼太郎が鶴峯公園用地を寄付していただいたお礼につつじを寄贈し…

2004-00-001

第12弾

20-204-A001
641-98-18-1
2020.04

配布場所
【平日】岡谷市役所
　　　建設水道部水道課
長野県岡谷市幸町8-1 市役所庁舎4階
【土日祝日】
岡谷蚕糸博物館(シルクファクトおかや)
長野県岡谷市郷田1-4-8

岡谷市の市花「つつじ」がデザインされたマンホール蓋です。岡谷市では毎年5月になると「鶴峯公園つつじ祭り」が開催され、多くの見物客で賑わいます。鶴峯公園は中部日本一と言われるつつじの名所ですが、実は昔、当時あった川岸村が300株のつつじを注文した際、誤って貨車3台分も届いてしまったことがありました。そのつつじのほとんどを鶴峯公園へ植えたため、この名所が生まれたのです。

長野県 伊那市

Lot No.	Lot No.	Lot No.	Lot No.	Lot No.

長野県
伊那市
20-209-B001

35°50'13.8"N
138°03'19.1"E

デザインの由来

設置開始 1990年

タカトオコヒガンザクラ

中央アルプスと桜

旧高遠町の頭文字「タ」の字がかたどられた町章の周囲に「タカトオコヒガンザクラ」がデザインされたマンホール蓋です。この桜は「さくらの名所100選」の1つである、高遠城址公園の桜をモチーフにしています。

2004-00-001

信州高遠温泉さくらの湯

第12弾

20-209-B001
642-99-19-2
2020.04

配布場所
高遠さくらホテル

配布場所住所
長野県伊那市高遠町勝間
217

旧高遠町の頭文字「タ」の字がかたどられた町章の周囲に「タカトオコヒガンザクラ」がデザインされたマンホール蓋です。この桜は「さくらの名所100選」の1つである、高遠城址公園の桜をモチーフにしています。高遠城址公園は戦国大名武田氏の城として名高い「高遠城」の跡にあり、廃城後に旧高遠藩士が植え始めた桜は現在1,500本を数え、県の天然記念物に指定されています。

長野県　南箕輪村

Lot No.	Lot No.	Lot No.	Lot No.	Lot No.

長野県
南箕輪村
20-385-A001

MINAMI MINOWA
KOKYO
OSUID

35°53'06.2"N
137°56'52.4"E

643-100-20-1

デザインの由来

MINAMI MINOWA

大泉川

設置開始 1991年　　諏ヶ原と田畑

西に中央アルプス連峰の経ヶ岳・駒ヶ岳、東に南アルプス連峰の仙丈ケ岳・東駒ケ岳を望み伊那谷の一番広い平地の中心に位置する南箕輪村。本マンホール蓋には、緑濃い田畑と他府地帯がなかなか自然豊かな伊那谷の空を飛び交う「とんぼ」と、日本二百名山の一座から流れ込む大泉川と、諏訪湖に源を発する天竜川に生息する「魚」や「カニ」が描かれており、子どもたちにも親しみが持てるよう優しいデザインとしています。水と緑を取巻く環境のため、新しいいのちを与え、多くの生物が生活できる水環境にしたいという願いが込められています。

2004-00-001
道の駅大芝高原　味工房　　©GKP

第12弾

20-385-A001
643-100-20-1
2020.04

配布場所
道の駅大芝高原 味工房

配布場所住所
長野県上伊那郡南箕輪村
2358-5

南箕輪村は、西に中央アルプス連峰の経ヶ岳・駒ヶ岳、東に南アルプス連峰の仙丈ケ岳・東駒ケ岳を望み、伊那谷の一番広い平地の中心に位置します。このマンホール蓋には、自然豊かな伊那谷の空を飛び交う「とんぼ」と、大泉川と諏訪湖に源を発する天竜川に生息する「魚」や「カニ」が描かれています。そこには水に新しい「いのち」を与え、多くの生物が生活できる水環境にしたいという願いが込められています。

静岡県　富士宮市

Lot No.	Lot No.	Lot No.	Lot No.	Lot No.

静岡県
富士宮市
22-207-A001

FUJINOMIYA

35°13'27.1"N
138°36'35.7"E

644-101-20-1

デザインの由来

富士山と田貫湖

設置開始 2019年　　ふじざくら

2013年に富士が世界文化遺産に登録され、無数のマンホールが設置されている富士宮市。世界遺産富士山のまわりとなります。本マンホール蓋は、「富士山」と田貫湖湖面に映る「逆さ富士」、市の花「ふじざくら」、歴史的景観の一部である「鳥居」が描かれており、富士宮市の美しい自然と富士山信仰の歴史を表現しています。市内北部に位置する田貫湖は、富士山西面の山頂直下から伸びる巨大な浸食谷「大沢崩れ」を真正面に望むロケーションと、「ダイヤモンド富士」の観測スポットとして有名です。マンホール蓋を探索し、雄大で美しい富士山の風景もお楽しみください。

2004-00-001
富士宮市役所下水道課　　©GKP

第12弾

22-207-A001
644-101-20-1
2020.04

配布場所
富士宮市役所
【平日】下水道課
【休日】1階東側 当直室

配布場所住所
静岡県富士宮市弓沢町150

富士宮市のマンホール蓋には、「富士山」と田貫湖湖面に映る「逆さ富士」、市の花「ふじざくら」、歴史的景観の一部である「鳥居」が描かれており、富士宮市の美しい自然と富士山信仰の歴史を表現しています。市内北部に位置する田貫湖は、富士山西面の山頂直下から伸びる巨大な浸食谷「大沢崩れ」を真正面に望むロケーションと、「ダイヤモンド富士」の観測スポットとして有名です。

GET ⌄ 愛知県 江南市

Lot No.	Lot No.	Lot No.	Lot No.	Lot No.

愛知県 江南市 23-217-A001

35°20'56.5"N
136°51'28.9"E

デザインの由来

設置開始 2019年

曼陀羅寺公園の藤

江南市の北部を流れる木曽川の清流のなかに市の花「ふじ」がデザインされたマンホール蓋です。国指定文化財がある「曼陀羅寺」に隣接する藤の名所「曼陀羅寺公園」では、毎年4月下旬から5月上旬まで「藤まつり」が行われ、12種類約60本の藤が色鮮やかに咲き誇り、藤特有の周囲が甘い香りで包まれます。江南市初のカラーマンホール蓋はこの愛知県予選開始に設置されました。市のマスコットキャラクター「藤花（ふじか）ちゃん」も、木曽川と藤の花をイメージして「デザインされた市」の藤の花言葉「あなたを歓迎します」おもてなしの心で、皆様をお迎えします。

2004-00-001
江南市役所下水道課　下水若配水場　©GKP

第12弾

23-217-A001
645-102-31-1
2020.04

配布場所
江南市下水若配水場
【平日】2階　下水道課
【土日祝】1階　宿直室
配布場所住所
愛知県江南市般若町中山146番地

江南市北部を流れる木曽川の清流のなかに市の花「ふじ」がデザインされたマンホール蓋です。国指定文化財がある「曼陀羅寺」に隣接する藤の名所「曼陀羅寺公園」では、毎年4月下旬から5月上旬まで「藤まつり」が行われ、藤が色鮮やかに咲き誇り、周囲を花房の優雅な甘い香りで包み込みます。市のマスコットキャラクター「藤花（ふじか）ちゃん」も、木曽川と藤の花をイメージしてデザインされています。

GET ⌄ 三重県 伊勢市

Lot No.	Lot No.	Lot No.	Lot No.	Lot No.

三重県 伊勢市 24-203-B001

34°30'28.6"N
136°46'59.8"E

デザインの由来

設置開始 2020年

夫婦岩と月の出

古来より二見浦は参宮の禊の地として知られ、多くの人々がここで禊をして伊勢神宮を目指しました。「夫婦岩」は猿田彦大神ゆかりの興玉神石を拝する鳥居の役割を担っており、開運招福・家内安全・交通安全・夫婦円満・縁結びの祈願に多くの人々が訪れます。夏至を中心とした日の出の時期は5月〜7月にかけて日出が岩の間から昇ることができ、また運が良ければ、夏至の頃に見る朝日に富士山を望見できます。周囲に配された「向日葵」は、平成17年2月の市町村合併で新伊勢市が誕生する前の旧二見町の花です。

2004-00-001
二見浦観光案内所　©GKP

第12弾

24-203-B001
646-103-12-2
2020.04

配布場所
二見浦観光案内所

配布場所住所
三重県伊勢市二見町茶屋111-1
二見生涯学習センター内

伊勢市が擁する二見興玉神社の「夫婦岩」が描かれたマンホール蓋です。古来より二見浦は参宮の「禊の地」として知られ、多くの人々がここで禊をして伊勢神宮を目指しました。「夫婦岩」は猿田彦大神ゆかりの興玉神石を拝する鳥居の役割を担っており、多くの人々が開運招福・家内安全・交通安全・夫婦円満・縁結びの祈願に訪れます。周囲に配された「向日葵」は、新伊勢市が誕生する前の旧二見町の花です。

滋賀県 草津市

Lot No.	Lot No.	Lot No.	Lot No.	Lot No.

滋賀県
草津市
25-206-B001

35°01'04.9"N
135°57'39.5"E

460-71-6-2

デザインの由来

設置開始 2007年

1812-00-001
くさつ夢本陣
©GKP

第9弾
25-206-B001
460-71-6-2
2018.12

配布場所
くさつ夢本陣

配布場所住所
滋賀県草津市草津二丁目
10-21

東海道と中山道の分岐に建てられた追分道標（市指定文化財）が描かれたマンホール蓋です。「右東海道いせみち　左中仙道美のぢ」と刻まれた道標は、文化13年（1816年）に街道を往来する諸国定飛脚の幸領中から寄進された、火袋付きの常夜燈です。江戸時代の草津は、京と江戸を結ぶ2つの大きな街道、東海道と中山道が分岐・合流する全国で唯一の宿場町で、多くの人とものが行き交う賑やかな街でした。

滋賀県 栗東市

Lot No.	Lot No.	Lot No.	Lot No.	Lot No.

滋賀県
栗東市
25-208-A001

りっとう　おすい

35°02'15.2"N
135°58'49.8"E

461-72-7-1

デザインの由来

設置開始 1996年

市章　キンセンカ

1812-00-001
栗東観光案内所
©GKP

第9弾
25-208-A001
461-72-7-1
2018.12

配布場所
栗東観光案内所

配布場所住所
滋賀県栗東市手原3丁目1-30
（JR手原駅2階）

古くから交通の要衝として発展を遂げてきた栗東市。インターチェンジを図案化した市章が外周に描かれたこのマンホール蓋のデザインは、公募により選定されました。内側には、街のシンボルである「メジロ」、各家庭で広く愛される庭木「貝塚伊吹」、薬用植物である「キンセンカ」が配置されています。このマンホール蓋は、主にJR栗東駅前周辺の歩道に設置されています。

滋賀県 豊郷町

Lot No.	Lot No.	Lot No.	Lot No.	Lot No.

第9弾

25-441-A001
462-73-8-1
2018.12

配布場所
豊郷町観光案内所
（豊郷小学校旧校舎群 酬徳記念館内）

配布場所住所
滋賀県犬上郡豊郷町大字
石畑518

豊郷町のマンホール蓋は町章を中央に据え、周囲に「江州音頭」のちょうちんと踊る人、町の花「つつじ」を図案化しています。日本最古の庭園の一つといわれる阿自岐庭園など、文化財が数多く残されている豊郷町。まちの中心を通る中山道の沿道には、江州音頭が生まれた千樹寺（せんじゅじ）があります。戦火や村の大火によって焼かれたこの寺が再建され、落慶法要の中から江州音頭が生まれました。

大阪府 貝塚市

Lot No.	Lot No.	Lot No.	Lot No.	Lot No.

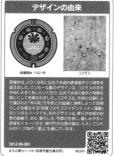

第9弾

27-208-A001
463-74-34-1
2018.12

配布場所
まちの駅かいづか

配布場所住所
大阪府貝塚市海塚一丁目1番1号
（南海貝塚駅2階改札前）

貝塚市のマンホール蓋のデザインは、コスモスの花を中央に大きくあしらっています。コスモスは市民の公募により選ばれた「市の花」で、市民と市の協調と連帯によって貝塚らしさを確立する「貝塚コスモスアイデンティティ運動」のシンボルです。花のデザインは、柔らかな筆の自然の曲線で愛らしさ、可憐さを表し、伸びやかな茎の線は、KAIZUKAの「I」であり、「愛」にも通じています。

大阪府 交野市

Lot No.	Lot No.	Lot No.	Lot No.	Lot No.

大阪府
交野市
27-230-A001

34°46'35.1"N
135°41'02.5"E

第9弾
27-230-A001
464-75-35-1
2018.12

デザインの由来

配布場所
交野市役所
【平日】別館2階下水道課
【休日】本館地下1階警備員室
配布場所住所
大阪府交野市私部1-1-1

交野市のマンホール蓋は、5つの要素から構成されています。市の木に選ばれている「さくら」。市の花である「つつじ」。古くから交野にゆかりの深い市の鳥である「きじ」。交野市の中心部を流れる「天野川」。交野市のマークである交野市の「交」の字を図案化し、交野の桜と平和の象徴である鳩を型どっている市章。これをバランス良く配置したマンホール蓋が、市内の各所に設置されています。

兵庫県 高砂市

Lot No.	Lot No.	Lot No.	Lot No.	Lot No.

兵庫県
高砂市
28-216-A001

34°44'43.2"N
134°48'11.0"E

第9弾
28-216-A001
465-76-12-1
2018.12

デザインの由来

配布場所
工楽松右衛門旧宅

配布場所住所
兵庫県高砂市高砂町今津町
532

高砂市のマンホール蓋は「白砂青松」と「相生の松」をモチーフにしたデザインです。「白砂青松」の高砂の浦は、古くから風光明媚な地として全国的に知られていました。現在も県立高砂海浜公園が「現代の白砂青松100選」に選ばれています。また、高砂神社には一本の根から雌雄の幹が左右に分かれている「相生の松」が生えており、縁結びと夫婦和合の象徴として親しまれています。

兵庫県 たつの市

兵庫県
たつの市
28-229-A001

34°51'42.8"N
134°33'19.6"E

466-77-13-1

デザインの由来

設置開始 2017年

赤とんぼくん・あかねちゃん

たつの市のマスコットキャラクターである「赤とんぼくん・あかねちゃん」がデザインされたマンホールの蓋です。たつの市は童謡「赤とんぼ」の作詞者である三木露風氏の生まれ故郷であることから、昭和59年に「童謡の里宣言」を行い童謡の里づくりを進めています。市内には赤とんぼをモチーフとしたデザインが各所で見受けられ、平成21年にはたつの市マスコットキャラクターとして「赤とんぼくん」が登場しています。平成27年には彼のガールフレンドとして「あかねちゃん」が新たに加わり、2人はイベント等において、たつの市のPRを行っています。

龍野城
©GKP
1812-00-001

第9弾

28-229-A001
466-77-13-1
2018.12

配布場所
龍野城

配布場所住所
兵庫県たつの市龍野町
上霞城128-1

たつの市のマスコットキャラクターである「赤とんぼくん・あかねちゃん」がデザインされたマンホール蓋です。たつの市は童謡「赤とんぼ」の作詞者である三木露風氏の生まれ故郷であることから、市内には赤とんぼをモチーフとしたデザインが各所で見受けられ、平成21年にはマスコットキャラクターとして「赤とんぼくん」が、平成27年には彼のガールフレンドとして「あかねちゃん」が登場しました。

兵庫県 市川町

兵庫県
市川町
28-442-A001

いちかわ お すい

35°01'23.0"N
134°45'18.2"E

467-78-14-1

デザインの由来

設置開始 2007年

ひまわり

市川町の町花はひまわりです。元気で明るいイメージのひまわりを中央に配し、背景には、清流市川の流れをイメージした3本の線で「市」を図案化してデザインしたマンホール蓋です。夏になると、町のあちこちでひまわりが元気に咲いています。町のあるところには、かわいく色づけされたマンホールがあるまちです。市川町に足をはこんで、ぜひ探してみてください。市川町は、兵庫県のほぼ中央に位置するハート型をした街です。町の中央部を清流市川がとうとうと流れ、豊かな山の緑から生まれる澄んだ空気とあふれる優しさが魅力です。町のみな様のお越しを心より待ちしています。

市川町役場 下水道課
©GKP
1812-00-001

第9弾

28-442-A001
467-78-14-1
2018.12

配布場所
【平日】市川町役場 下水道課
【休日】市川町役場 1階受付

配布場所住所
兵庫県神崎郡市川町西川辺
165-3

市川町の町花である「ひまわり」を中央に配し、背景には、清流市川の流れをイメージした3本の線で「市」を図案化したマンホール蓋です。市川町は、兵庫県のほぼ中央に位置するハート型をした街です。町の中央部を清流市川がとうとうと流れ、豊かな山の緑から生まれる澄んだ空気とあふれる優しさが魅力です。夏になると、町のあちこちでひまわりが元気に咲いています。

兵庫県 上郡町

Lot No.	Lot No.	Lot No.	Lot No.	Lot No.

兵庫県
上郡町
28-481-A001

デザインの由来

円心くんとエイトちゃん

SPring-8

設置開始は2002年

上郡町のキャラクターである円心くんとエイトちゃんを中央に描き、背景には大型放射光施設SPring-8の放射光の動きをリングで表現したマンホール蓋です。上郡町には、円心くんのモデルである鎌倉時代から南北朝時代に活躍した武将「赤松円心(あかまつえんしん)」や、同氏を祖とする円心の嫡男則祐が創建したといわれる「白旗城跡(しらはたじょうあと)」などの歴史文化遺産や、エイトちゃんのモチーフとなった大型放射光施設「SPring-8」などの先端科学施設があります。マンホールの蓋とともに「歴史と未来の出逢う町上郡町」の歴史と未来に触れてみてください。

1812-00-001
上郡町上下水道課
©GKP

第9弾

28-481-A001
468-79-15-1
2018.12

配布場所
上郡町上下水道課
(上郡町水道管理事務所内)
配布場所住所
兵庫県赤穂郡上郡町與井
380

上郡町のキャラクターである「円心くん」と「エイトちゃん」を中央に描き、背景には大型放射光施設「SPring-8」の放射光の動きをリングで表現したマンホール蓋です。上郡町には、円心くんのモデルである武将「赤松円心(あかまつえんしん)」の居城跡「白旗城跡(しらはたじょうあと)」などの歴史文化遺産や、エイトちゃんのモチーフとなった「SPring-8」などの先端科学施設があります。

34°51'29.8"N
134°22'31.7"E

99
468-79-15-1

兵庫県 加古川市

Lot No.	Lot No.	Lot No.	Lot No.	Lot No.

兵庫県
加古川市
28-210-A001

デザインの由来

つつじ

設置開始は1991年

加古川市のマンホール蓋は、市の中心を流れる一級河川「加古川」をシンボライズした市章を蓋の中心に配置し、その周りに市花の「つつじ」をデザインしたものです。市では、昭和45年に市制20周年を記念して、「市の花」を選定するため、広く市民からアイデアを募り、「つつじ」が選ばれました。下水道事業においても、市民が親しみと安らぎを感じる「つつじ」をモチーフにしたデザインが採用されています。「つつじ」は、市を代表する日岡山公園等の多くの公園で大切に育てられ、白瀬から市民に大変親しまれるとともに美しい空間を演出しています。

1908-00-001
まち案内所
©GKP

第10弾

28-210-A001
521-80-16-1
2019.08

配布場所
まち案内所

配布場所住所
兵庫県加古川市加古川町
篠原町503-2(JR加古川駅構内)

加古川市のマンホール蓋は、市内を流れる一級河川「加古川」をシンボライズした市章を中心に配置し、その周りに市花「つつじ」をデザインしたものです。市では、昭和45年に市制20周年を記念して、「市の花」を選定するため、広く市民からアイデアを募り、「つつじ」が選ばれました。下水道事業においても、市民が親しみと安らぎを感じる「つつじ」をモチーフにしたデザインが採用されています。

34°46'02.2"N
134°50'21.9"E

628
521-80-16-1

兵庫県 宝塚市

Lot No.	Lot No.	Lot No.	Lot No.	Lot No.

兵庫県
宝塚市
28-214-A001

34°48'35.3"N
135°20'29.2"E

デザインの由来

設置開始 1988年

スミレ

ベル

宝塚市の花「スミレ」、観光ロゴマークにも採用された「ベル」がデザインされたマンホール蓋です。スミレは明るさと清潔感を出すために楽器のベルを周辺に散りばめて華やかさを演出しました。蓋のデザインについては汚水、雨水共通です。蓋に書かれている文字は当初ローマ字表記でしたが、近年、読みやすいひらがな表記に変更されました。

1908-00-001
宝塚市役所 宝塚駅前サービスステーション ©GKP

第10弾

28-214-A001
522-81-17-1
2019.08

配布場所
宝塚市上下水道局下水道課

配布場所住所
兵庫県宝塚市東洋町1番3号
上下水道局庁舎3F

宝塚市の花「スミレ」、観光ロゴマークにも採用された「ベル」がデザインされたマンホール蓋です。明るさと清潔感を出すためにスミレの花を中央に大きく、そして「音楽の町・宝塚」を表現するために楽器のベルを周辺に散りばめて華やかさを演出しました。蓋のデザインについては汚水、雨水共通です。蓋に書かれている文字は当初ローマ字表記でしたが、近年、読みやすいひらがな表記に変更されました。

兵庫県 三木市

Lot No.	Lot No.	Lot No.	Lot No.	Lot No.

兵庫県
三木市
28-215-A001

34°47'38.5"N
134°59'21.3"E

デザインの由来

設置開始 1990年

金物鷲

1908-00-001
三木市上下水道部庁舎 ©GKP

第10弾

28-215-A001
523-82-18-1
2019.08

配布場所
三木市上下水道部庁舎

配布場所住所
兵庫県三木市福井字鷹尾
1950-1

下水道整備の拡充を願い、三木市の市章を中心に、特産物である三木金物の「鋸・包丁・鎚」を放射線状に配置したデザインのマンホール蓋です。三木金物の由来は、羽柴秀吉が三木城主別所長治を攻めた三木合戦まで遡ります。別所氏を滅ぼした秀吉は、まちの復興を図るため免税政策をとりました。これにより大工職人や鍛冶職人が各地から集まり「金物のまち」の基礎ができたと言われています。

兵庫県 猪名川町

兵庫県
猪名川町
28-301-A001

34°55'07.7"N
135°21'07.1"E

デザインの由来

猪名川町は、兵庫県の南東部に位置し、取城の8割を猪名川県立自然公園からの、豊かな自然と大都市近郊の利便性を兼ね備えた街です。この、最大大阪平野の中心となり、北は、緑が広がった自然と伝えたような多自面積山上中心から色づき、猿山地に「手田翁桃山渓谷」として親水林や渓谷が...色出され、急な水面で渓谷を彩りとして渓谷美伝色されているのは、松とツツジ。松は緑、ツツジは渓谷をかざるにふさわしいとして町木・町花に選ばれたもので、蓋の中心に赤く描かれたツツジは春になると大野山を最高峰とする猪名川渓谷を「つつじ燃ゆ」と評される美しい赤で染め上げます。

道の駅いながわ   ©GKP

第10弾

28-301-A001
524-83-19-1
2019.08

配布場所
【水曜日以外】道の駅いながわ
兵庫県猪名川町万善字竹添70-1
【水曜日】猪名川町役場
まちづくり部上下水道課
兵庫県猪名川町上野字北畑11-1

猪名川町は町域の8割を猪名川渓谷県立自然公園が占め、豊かな自然と大都市近郊の利便性を兼ね備えた街です。このマンホール蓋に描かれているのは、「松」と「ツツジ」です。松は緑、ツツジは渓谷美をかざるにふさわしいとして町木・町花に選ばれました。蓋の中心に赤く描かれたツツジは、春になると大野山を最高峰とする猪名川渓谷を「つつじ燃ゆ」と評される美しい赤で染め上げます。

兵庫県 播磨町

兵庫県
播磨町
28-382-A001

34°43'13.7"N
134°53'19.1"E

デザインの由来

本マンホール蓋は、播磨町出身の偉人である「ジョセフ・ヒコ」が日本初の新聞を発行してから150周年を記念してデザインしたもので...にコはアメリカの商船オークランド号に救助されている...民主主義に...リンカーン大統領と会う機会を得て...米国市民権を得た初めての日本人としても知られています。外国の...実物...日本に伝えたいとの思いから...「海外新聞」は、今日の新聞の士台を築いたものとして高く評価されており、ヒコは「新聞の父」と称えられ...

播磨町郷土資料館   ©GKP

第10弾

28-382-A001
525-84-20-1
2019.08

配布場所
播磨町郷土資料館

配布場所住所
兵庫県加古郡播磨町大中
1丁目1番2号

播磨町出身の偉人「ジョセフ・ヒコ」が日本初の新聞を発行してから150周年を記念して、2014年に募集したイラストをもとにデザインしたマンホール蓋です。ヒコは幼少の頃に、乗っていた船が難破し漂流しているところをアメリカの商船オークランド号に救助されました。渡米したヒコは、リンカーン大統領と会う機会を得て民主主義に強く共感し、米国市民権を得た初めての日本人としても知られています。

兵庫県 福崎町

兵庫県
福崎町
28-443-A001

ふくさき　おすい

34°57'38.8"N
134°45'03.3"E

デザインの由来

福崎町は、日本民俗学の父である柳田國男の故郷で、彼の著書「妖怪談義」に登場する様々な妖怪をつかった町おこしに取り組んでいます。可愛い顔の河童の兄弟「フクちゃん・サキちゃん」やリアルな池いわり怪獣「ガジロウ」も当地の著書「故郷七十年」にでてくる河童をモチーフに誕生。一般的には妖怪のキャラクターとして注目を集めているマンホール蓋には福崎町を中心に走る播但線(姫路から和田山)の電車、福崎町の北西端に位置し、近畿観光百景にも選ばれている七種の滝と福崎町特産の「もちむぎ」を描いています。この蓋は、JR福崎駅前整備事業の完成を記念したものです。

1908-00-001
福崎町駅前観光交流センター　©GKP

第10弾

28-443-A001
526-85-21-1
2019.08

配布場所
福崎町役場上下水道課

配布場所住所
兵庫県神崎郡福崎町南田原
3116番地の1

JR福崎駅周辺整備事業の完成を記念して設置したこのマンホール蓋には、福崎町を南北に走る播但線(姫路から和田山)の電車、福崎町の北西端に位置し、近畿観光百景にも選ばれている七種の滝と、福崎町特産の「もちむぎ」が描かれています。福崎町は、日本民俗学の父である柳田國男の故郷であり、彼の著書「妖怪談義」に登場する様々な妖怪をつかった町おこしに取り組んでいます。

和歌山県　御坊市

和歌山県
御坊市
30-205-A001

GOBO CITY
おすい

33°52'09.8"N
135°09'43.0"E

デザインの由来

ハマボウ
こぎく　クロガネモチ

御坊市は和歌山県北部県の中央で、紀伊半島の中心部を日高川が流れ、日高川と共に産業、観光が発展してきた町です。その白砂の浜辺や紀南地方の玄関口でもあり、花々麗かな御坊をイメージしたデザインです。ハマボウの群生地や、天然記念物のクロガネモチが有名です。マンホール蓋は日高川河口付近のハマボウの花を中心に、北にクロガネモチ、南にコギクを配置して「花の町」をイメージしています。

1908-00-001
御坊市ふれあいセンター(EEパーク)　©GKP

第10弾

30-205-A001
527-86-4-1
2019.08

配布場所
EEパーク

配布場所住所
和歌山県御坊市塩屋町
南塩屋450-10

御坊市のマンホール蓋は、市の花木「ハマボウ」を中心に、北に市の木「クロガネモチ」、南に市の花「コギク」を配置して「花の町」をイメージしています。市街地の中心部を流れる日高川の河口付近は非常に自然が豊かで、ハマボウの群生地もあります。河北地区では御坊市指定天然記念物クロガネモチが有名です。河南地区は温暖な気候に恵まれ、年間を通して花卉栽培が盛んです。

大阪府 池田市

Lot No. | Lot No. | Lot No. | Lot No. | Lot No.

大阪府
池田市
27-204-B001

第11弾

27-204-B001
540-87-36-2
2019.12

デザインの由来

池田市観光大使ひよこちゃん

設置開始 2019年　五月山の桜

「池田市観光大使ひよこちゃん」を中心に、市の特徴を�デザインで表した4枚1組のデザイン蓋（春）で、世界初のインスタントラーメン発祥の地である池田市では、ひよこちゃんは2018年に観光大使に就任しました。その周りには、市南部にある大阪国際空港から離着陸する飛行機、市の水源となっている淀川水系の一級河川猪名川が描かれています。また、池田市では日本有数の猪名寺・住宅コーナスになっている住宅街にも多かったことがあり、対策住宅もデザインしました。そして、市中心部にありながら、自然豊かな五月山は、春にはたくさんの桜が咲き誇り、多くの人々を楽しませてくれます。

1912-00-001
大阪池田ゲストインフォメーション　©GKP

34°49'17.7"N
135°25'31.6"E

540-87-36-2

「池田市観光大使ひよこちゃん」を中心に、市の景観を季節別に表した4枚1組のマンホール蓋（春）です。ひよこちゃんの周りには、市南部にある大阪国際空港から離着陸する飛行機、市の水源となっている淀川水系の一級河川猪名川が描かれています。市の中心部にありながら自然豊かな五月山は、春にはたくさんの桜が咲き誇り、市民や観光客など多くの人々を楽しませてくれます。

大阪府 池田市

Lot No. | Lot No. | Lot No. | Lot No. | Lot No.

大阪府
池田市
27-204-C001

第11弾

27-204-C001
541-88-37-3
2019.12

デザインの由来

池田市観光大使ひよこちゃん

設置開始 2019年　猪名川花火大会　がんがら火

34°49'17.7"N
135°25'31.6"E

541-88-37-3

「池田市観光大使ひよこちゃん」を中心に、市の景観を季節別に表した4枚1組のマンホール蓋（夏）です。ひよこちゃんの周りには、市南部にある大阪国際空港から離着陸する飛行機、市の水源となっている淀川水系の一級河川猪名川が描かれています。夏には、市中心部にある五月山に灯される大阪府指定無形民俗文化財「がんがら火」の大一文字と、大文字、「猪名川花火大会」の花火が夜空を彩ります。

GET 大阪府 池田市

Lot No.	Lot No.	Lot No.	Lot No.	Lot No.

大阪府
池田市
27-204-D001

池田市観光大使

34°49′17.7″N
135°25′31.6″E

542-89-38-4

デザインの由来

設置開始 2019年　　　五月山の紅葉

「池田市観光大使ひよこちゃん」を中心に、市の景観を季節別に表した4枚1組のデザイン(秋)です。世界初のインスタントラーメン発祥の地である池田で生まれたひよこちゃんが2016年に観光大使に就任しました。その周りには、市南部にある大阪国際空港から離着陸する飛行機、市の水源となっている淀川水系の一級河川猪名川が描かれています。また、池田市では日本で最初に鐘馗が瓦・住宅ローン方式による住宅融資が始まったことから、分譲住宅地もデザイン化しました。そして、市の中心部にありながら、羽衣豊かな五月山は、秋が深まると木々が紅葉し赤く染まり、多くの人々を楽しませてくれます。

1912-00-001
大阪池田ゲストインフォメーション　　©GKP

第11弾

27-204-D001
542-89-38-4
2019.12

配布場所
①大阪池田ゲストインフォメーション
　大阪府池田市栄町1-1
②池田市上下水道部経営企画課
　大阪府池田市大和町1番10号
※9月〜11月に配布します(秋版)

「池田市観光大使ひよこちゃん」を中心に、市の景観を季節別に表した4枚1組のマンホール蓋(秋)です。ひよこちゃんの周りには、市南部にある大阪国際空港から離着陸する飛行機、市の水源となっている淀川水系の一級河川猪名川が描かれています。市の中心部にありながら自然豊かな五月山は、秋が深まると木々が紅葉して赤く染まり、多くの人々を楽しませてくれます。

GET 大阪府 池田市

Lot No.	Lot No.	Lot No.	Lot No.	Lot No.

大阪府
池田市
27-204-E001

池田市観光大使

34°49′17.7″N
135°25′31.6″E

543-90-39-5

デザインの由来

設置開始 2019年　　　五月山の雪化粧

「池田市観光大使ひよこちゃん」を中心に、市の景観を季節別に表した4枚1組のデザイン(冬)です。世界初のインスタントラーメン発祥の地である池田で生まれたひよこちゃんが2016年に観光大使に就任しました。その周りには、市南部にある大阪国際空港から離着陸する飛行機、市の水源となっている淀川水系の一級河川猪名川が描かれています。また、池田市では日本で最初に鐘馗が瓦・住宅ローン方式による住宅融資が始まったことから、分譲住宅地もデザイン化しました。そして、市の中心部にありながら、自然豊かな五月山は、冬にはうっすらと雪化粧になり、季節の移り変わりを感じさせてくれます。

1912-00-001
大阪池田ゲストインフォメーション　　©GKP

第11弾

27-204-E001
543-90-39-5
2019.12

配布場所
①大阪池田ゲストインフォメーション
　大阪府池田市栄町1-1
②池田市上下水道部経営企画課
　大阪府池田市大和町1番10号
※12月〜2月に配布します(冬版)

「池田市観光大使ひよこちゃん」を中心に、市の景観を季節別に表した4枚1組のマンホール蓋(冬)です。ひよこちゃんの周りには、市南部にある大阪国際空港から離着陸する飛行機、市の水源となっている淀川水系の一級河川猪名川が描かれています。市の中心部にありながら自然豊かな五月山は、冬にはうっすらと雪化粧になり、季節の移り変わりを風情たっぷりに感じさせてくれます。

兵庫県 川西市

Lot No.	Lot No.	Lot No.	Lot No.	Lot No.

兵庫県
川西市
28-217-A001

34°49'40.4"N
135°24'47.8"E

デザインの由来

りんどう

さくら

中央に市花「りんどう」、その周りを囲むように市木「さくら」がデザインされた川西市のマンホール蓋です。清和源氏発祥の地である川西市。かつて川西をひらいた源氏は、旗印にササリンドウを使用していており、市内には、源氏にゆかりのある場所が多数あります。毎年4月には川西市源氏まつりが開催され、沿道に飾られた桜提灯がまつりの雰囲気を盛り上げます。さくらは「日本一の里山」と言われる黒川地区をはじめ、市内の名所旧跡に咲き誇り、春の彩りをあっています。また、豊かな自然と歴史が残る川西市には、今も豊かな自然が守られています。川西市の美しい自然を守っていこうという願いがこめられています。

1912-00-001
アステ市民プラザ ©GKP

第11弾

28-217-A001
544-91-22-1
2019.12

配布場所
【平日】川西市上下水道局
経営企画課
兵庫県川西市中央町12番1号
【休日】アステ市民プラザ
兵庫県川西市栄町25番1-601号
アステ川西6階

川西市のマンホール蓋は、中央に市花「りんどう」、その周りを囲むように市木「さくら」がデザインされています。清和源氏発祥の地である川西市。かつて川西をひらいた源氏は、旗印にササリンドウを使用していました。市内には源氏にゆかりのある場所が多数あります。毎年4月には「川西市源氏まつり」が開催され、沿道に飾られた桜提灯がまつりの雰囲気を大いに盛り上げます。

京都府 京丹後市

Lot No.	Lot No.	Lot No.	Lot No.	Lot No.

京都府
京丹後市
26-212-A001

35°44'22.2"N
135°06'09.0"E

デザインの由来

ズワイガニ

ばら寿司

日本海

京丹後市はこれまで旧町ごとのデザインマンホール蓋を使用していましたが、2019年に市制施行15周年を迎えたことから、市統一のデザインマンホール蓋を作成しました。カニ料理のひとつ上の可がうあります。冬季の中のサワイガニや海鮮が過ごぎて見える旧町の四季折々の風物詩を市内の味を身近に感じていただき、みなさんにデザインは「ズワイガニ」と季節の表情豊かな「日本海」、そしてふるさとの味として古くから親しまれ、晴れの日には欠かせない郷土料理のひとつ「ばら寿司」をモチーフに描かれています。

1912-00-001
京丹後市役所丹後庁舎 ©GKP

第11弾

26-212-A001
592-92-12-1
2019.12

配布場所
【平日】京丹後市上下水道部
経営企画整備課
【休日】京丹後市役所丹後庁舎日直
配布場所住所
京都府京丹後市丹後町間人
1780番地

京丹後市のマンホール蓋は「ズワイガニ」と季節の表情豊かな「日本海」、そしてふるさとの味として古くから親しまれ、晴れの日には欠かせない郷土料理のひとつ「ばら寿司」をモチーフにデザインされています。京丹後市は6町が合併してできた市であり、従来は旧6町のデザインマンホール蓋を使用していましたが、2019年に市制施行15周年を迎えたことを機に、市統一のマンホール蓋が作成されました。

大阪府 枚方市

Lot No.	Lot No.	Lot No.	Lot No.	Lot No.

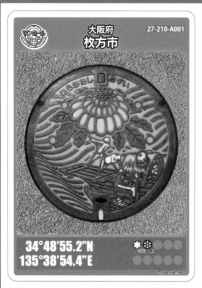

デザインの由来

敷設開始 1988年

三十石船

枚方市の花「菊」と歌川広重の浮世絵にも描かれた「三十石船」をデザインしたものです。「菊」は、伝統的芸術である菊人形とゆかりがあり、ひらかたパークの「大菊人形展」は長年にわたって開催されました。現在では、ひらかた菊花展などで、広く「菊」を楽しんでいただくとともに、伝統文化の継承を行っています。また、枚方宿は江戸時代に京と大坂を結ぶ「三十石船」の中継港として賑わいました。美観councilは昼間から夜まで再び夜の塗料で、ちを彩ります。夜には、ほのかの夜光が感じられます。
～汚水整備の整備記念として製作～

1912-00-001
枚方市上下水道局 ©GKP

第11弾

27-210-A001
593-93-40-1
2019.12

配布場所
枚方市上下水道局
【平日】上下水道経営部上下水道経営室
【休日】分室
配布場所住所
大阪府枚方市中宮北町10-20

枚方市の花「菊」と歌川広重の浮世絵にも描かれた「三十石船」をデザインしたマンホール蓋です。「菊」は、伝統的芸術である菊人形とゆかりがあり、ひらかたパークの「大菊人形展」は長年にわたって開催されました。現在では、ひらかた菊花展などで、広く「菊」が楽しまれ、伝統文化の継承が行われています。枚方宿は、江戸時代に京と大坂を結ぶ「三十石船」の中継港として賑わったことでも知られています。

34°48'55.2"N
135°38'54.4"E

兵庫県 尼崎市

Lot No.	Lot No.	Lot No.	Lot No.	Lot No.

デザインの由来

敷設開始 2019年

尼崎城

尼崎城は戸田氏鉄により1618年から数年の歳月をかけて築造されました。甲子園球場の約3.5倍にも相当する敷地、3重の堀、4層の天守を据えるなど、5万石の大名にしては大きすぎる城でした。このことから、江戸幕府が尼崎を大坂の西の守りとして重視していたことがわかります。1873年、廃城令発令までには、尼崎藩政の中心として、城下町の繁栄とともにあり続けました。城郭は焼失後の城跡の豊かな緑豊かな公園となり、市民に親しまれています。町の繁栄と歴史を学べる施設として整備し、平成31年3月のリニューアル一般公開を記念してデザインしました。

1912-00-001
あまがさき観光案内所 ©GKP

第11弾

28-202-B001
594-94-23-2
2019.12

配布場所
あまがさき観光案内所
（阪神尼崎駅前）
配布場所住所
兵庫県尼崎市神田中通1-4
中央公園内

尼崎城の天守閣を中心に据え、周りには尼崎市の花「キョウチクトウ」をあしらったマンホール蓋です。戸田氏鉄により1618年から数年の歳月をかけて築造された尼崎城は、甲子園球場の約3.5倍にも相当する敷地、3重の堀、4層の天守を据えるなど、5万石の大名にしては大きすぎる城だと言われています。このことから、江戸幕府が尼崎を大坂の「西の守り」として重視していたことがわかります。

34°43'06.2"N
135°25'00.2"E

兵庫県 丹波市

Lot No.	Lot No.	Lot No.	Lot No.	Lot No.

兵庫県
丹波市
28-223-A001

TAMBA

兵庫県

おすい

35°09'50.4"N
135°02'36.9"E

595-95-24-1

デザインの由来

設置開始：2018年

丹波市の位置

兵庫県丹波市は、2004年に氷上郡6町が合併して誕生しました。このデザインは下水道をPRするため、2017年に全国から募集し、採用された作品です。丹波市は兵庫県中東部に位置し、日本一低い分水界があり、下水道は日本海と瀬戸内海に流れます。そんな共通点を知り、訪れていただくため、兵庫県のどの地域にも似た恐竜のゆるキャラ「丹波竜のちーたん」（2006年に白亜紀時代の地層から恐竜化石が発見され、その地層から発見された丹波竜のマスコットキャラクター）が虫眼鏡で丹波市を覗いているデザインです。虫眼鏡の中の6つの配色は旧6町を表します。

1912-00-001

丹波市観光協会　かいばら観光案内所　　©GKP

第11弾

28-223-A001
595-95-24-1
2019.12

配布場所
丹波市観光協会
かいばら観光案内所
配布場所住所
兵庫県丹波市柏原町柏原
3625

丹波市のゆるキャラ「丹波竜のちーたん」（2006年に白亜紀時代の地層から恐竜化石が発見され、その地層から発見された丹波竜のマスコットキャラクター）が虫眼鏡で丹波市を覗いているデザインのマンホール蓋です。丹波市は、2004年に氷上郡6町が合併して誕生しました。虫眼鏡の中の6つの配色は、旧6町を表しています。このデザインは2017年に全国から募集して採用された作品です。

京都府 舞鶴市

Lot No.	Lot No.	Lot No.	Lot No.	Lot No.

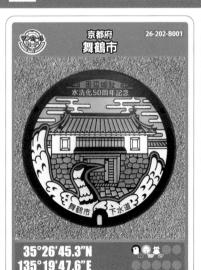

京都府
舞鶴市
26-202-B001

田辺城址
水洗化50周年記念

舞鶴市　下水道

35°26'45.3"N
135°19'47.6"E

647-96-13-2

デザインの由来

設置開始：2019年

田辺城門

舞鶴市の西市街地に位置する平成4年に再建された「田辺城」の城門を中央にデザインしたマンホール蓋で、下水道の「水洗化50周年」を記念する年記名や水を象徴する鶴がデザインされ、織田信長や豊臣秀吉などに仕えた細川幽斎が居城として築いた田辺城は、別名「舞鶴城（ぶかくじょう）」と呼ばれ、「舞鶴」という地名の由来となりました。「関ケ原の合戦」の前哨戦では石田三成方の西軍一万五千人の軍勢が田辺城を包囲し、これをわずか五百人の軍勢で迎え撃った「田辺籠城戦」が有名で城の近くには城下町の風情が残る寺社や古い街角、神社が数多く残っています。

2004-00-001

田辺城資料館　　©GKP

第12弾

26-202-B001
647-96-13-2
2020.04

配布場所
田辺城資料館

配布場所住所
京都府舞鶴市字南田辺
15-22

舞鶴市の西市街地に位置する「田辺城」の城門を中央にデザインしたマンホール蓋です。織田信長や豊臣秀吉などに仕えた細川幽斎が隠居城として築いた田辺城は、別名「舞鶴城（ぶかくじょう）」と呼ばれ、「舞鶴」という地名の由来となりました。「関ケ原の合戦」の前哨戦では石田三成方の西軍一万五千人の軍勢が田辺城を包囲し、これをわずか五百人の軍勢で迎え撃った「田辺籠城戦」が有名です。

大阪府 茨木市

Lot No.	Lot No.	Lot No.	Lot No.	Lot No.

27-211-A001

デザインの由来

第12弾

27-211-A001
648-97-41-1
2020.04

配布場所
茨木市立文化財資料館

配布場所住所
大阪府茨木市東奈良3丁目
12-18

茨木市の花「バラ」と市の木「カシ」をデザインした
マンホール蓋です。市の花・木は、市制20周年と万博
開催を記念して、「花と緑いっぱいのまちづくり」の
ために制定されました。「バラ」は、茨木の地名「いば
ら」にもつながります。「カシ」は、その芯の強いたく
ましさが茨木市を象徴しています。中央にある市章
は、「茨」の字を図案化したもので、平和の象徴であ
る鳩をモチーフにしています。

34°48'55.4"N
135°33'45.7"E

大阪府 藤井寺市

Lot No.	Lot No.	Lot No.	Lot No.	Lot No.

27-226-B001

デザインの由来

第12弾

27-226-B001
649-98-42-2
2020.04

配布場所
藤井寺市観光案内所

配布場所住所
大阪府藤井寺市藤井寺
1-3-11

藤井寺市の市章の周りに、市の木「梅」と、鍵穴のよ
うな形をした「古墳（前方後円墳）」をあしらったマ
ンホール蓋です。市章は古墳と縄文時代の首飾りを
モチーフにしています。2019年7月、藤井寺市・羽曳
野市・堺市にまたがる「百舌鳥・古市古墳群」が、大阪
初となる世界文化遺産に登録されました。これを記
念して、古墳モチーフをより強調したこのマンホー
ル蓋が作成されました。

34°34'27.8"N
135°35'51.1"E

大阪府 田尻町

大阪府
田尻町
27-362-A001

TAJIRI

おすい

34°23'52.1"N
135°17'21.4"E

デザインの由来

設置開始 2020年

田尻町全景

田尻スカイブリッジ

田尻町制80年を記念して2019(令和元)年に製作したデザインマンホール蓋です。中央に泉州玉ねぎ栽培の発祥地とされる本町のマスコットキャラクター「たじりっち」。「たじりっち」が明るく元気に飛び出してくるイメージを表現しています。背景は「たじりっち」の大好きなマーブルビーチから見る大阪湾で、田尻漁港マリーナを出発したヨットとランドマークの田尻スカイブリッジが描かれています。青い空には、関西国際空港を飛び立つ飛行機と白い雲の姿が見えます。

2004-00-001
田尻町役場別館

©GKP

第12弾

27-362-A001
650-99-43-1
2020.04

配布場所
【平日】田尻町役場別館
大阪府泉南郡田尻町嘉祥寺
375番地1
【土日】田尻町立公民館
大阪府泉南郡田尻町嘉祥寺
1120番地2

泉州玉ねぎ栽培の発祥地とされる田尻町のマスコットキャラクター「たじりっち」がデザインされたマンホール蓋は、2019年に製作されました。背景は「たじりっち」の大好きなマーブルビーチから見る大阪湾で、田尻漁港マリーナを出発したヨットと、ランドマークの田尻スカイブリッジが描かれています。青い空には、関西国際空港を飛び立つ飛行機と白い雲の姿が見えます。

兵庫県 芦屋市

兵庫県
芦屋市
28-206-B001

あしや

34°43'38.0"N
135°18'17.2"E

デザインの由来

設置開始 1990年

芦屋川の松並木

摂津名所図会「打出浜」『芦屋里』

芦屋川と市木のクロマツが描かれたデザイン蓋となっています。芦屋川は市内の日々の生活において毎日確認し、水のある場所でもあり、六甲山系を背景に芦川を軸として河岸のクロマツや桜の並木及び御影石の石積等が一体となった緑豊かな美しい眺望景観が形成されています。寛政8年(1796年)に発刊された書籍『摂津名所図会』にも、芦屋川と浜辺の松林と六甲山麓を望む景観が描かれています。

2004-00-001
芦屋市立美術博物館

©GKP

第12弾

28-206-B001
651-100-25-2
2020.04

配布場所
芦屋市立美術博物館

配布場所住所
兵庫県芦屋市伊勢町12-25

芦屋市内を流れる「芦屋川」と、市木「クロマツ」が描かれたマンホール蓋です。芦屋川沿岸は六甲山系の緑を背景に、河川を軸として河岸のクロマツや桜の並木と宅地内の生垣、樹木及び御影石の石積等が一体となって、緑豊かな美しい眺望景観が形成されています。寛政8年(1796年)に発刊された書籍『摂津名所図会』にも、芦屋川と浜辺の松林と六甲山麓を望む景観が描かれています。

兵庫県 加東市

Lot No.	Lot No.	Lot No.	Lot No.	Lot No.

デザインの由来

第12弾

28-228-A001
652-101-26-1
2020.04

配布場所
(一社) 加東市観光協会
兵庫県加東市河高4028
【加東市観光協会の休業日(主に水曜)】
加東市役所商工観光課
兵庫県加東市社50(加東市役所3階)

加東市の名勝である加古川・闘竜灘と、特産「鮎」を
あしらったマンホール蓋です。蓋の中央には、旧滝
野町のマスコット「アユッキー」が描かれています。
アユッキーは、その名のとおり鮎をモチーフにして
いますが、単に特産品を擬人化したわけではありま
せん。かつて、環境悪化により闘竜灘の鮎漁は漁獲
量が激減しました。その過去を背景に、環境保護の
シンボルとしてアユッキーが誕生したのです。

奈良県 三郷町

Lot No.	Lot No.	Lot No.	Lot No.	Lot No.

デザインの由来

第12弾

29-343-A001
653-102-8-1
2020.04

配布場所
三郷町立図書館

配布場所住所
奈良県生駒郡三郷町勢野西
1丁目4-4

童謡「きらきらぼし」の日本語詞を作詞した武鹿悦
子氏の在住地であり、平成30年に「童謡のまち」宣言
を行った三郷町。このマンホール蓋のデザインは、
「きらきらぼし」をイメージした「夜空に光る星」や、
町のイメージキャラクター「たつたひめ」のほか、奈
良時代の歌集・万葉集で詠まれた「龍田山」などを表
現しています。万葉集では、三郷町と関連のある歌
が多数詠われています。

奈良県 吉野町

Lot No.	Lot No.	Lot No.	Lot No.	Lot No.

奈良県
吉野町
29-441-A001

34°22'35.8"N
135°51'12.8"E

デザインの由来

吉野町は紀伊半島の中心（へそ）に位置し、歴史・文化と自然豊かな町です。蓋のデザインは1992年に一般公募により決定しました。中心に町章を、その周りには、世界遺産に登録されている史跡名勝吉野山に咲く町の花「シロヤマザクラ」とその中心に流れる清流吉野川、そしてその川に桜鮎とおよぐ町の魚である「桜鮎」をこの4つを一つのあしらい円の中に収めました。特に観桜期には日本一の絶景の桜の景色は圧巻で、全国各地から観光客が訪れ、山あいから見える満開の桜の色合は圧巻です。また、清流吉野川には桜鮎の泳ぐ等での川遊び、秋は色鮮やかな山の紅葉といった見どころのある町です。

2004-00-001
吉野町役場 文化観光交流課 ©GKP

第12弾

29-441-A001
654-103-9-1
2020.04

配布場所
【平日】吉野町役場１階
　　　　文化観光交流課
奈良県吉野郡吉野町上市80-1
【休日】吉野町観光案内所
　　　　（近鉄吉野駅前）
奈良県吉野郡吉野町吉野山41-3

吉野町のマンホール蓋は、中心に町章を据え、その周りには、史跡名勝・吉野山に咲く町の花「シロヤマザクラ」と町の中心に流れる清流「吉野川」、そしてその川を颯爽とおよぐ町の魚「桜鮎」がデザインされています。吉野山の山あいから見える満開の桜の景色は圧巻で、特に観桜期には全国各地から観光客が訪れます。清流吉野川では川遊びを楽しめるほか、秋は色鮮やかな紅葉が訪れる人々を歓迎します。

COLUMN 01　　　　　　　　　　　　　［コラム 01］

豆知識

展示蓋にも注目！
文・写真／傭兵鉄子

マンホール蓋はそのほとんどが鋳物そのものの色なので、カラーの蓋は珍しく、中には記念に一枚だけ作られたレアな物もあります。複数枚作られた物もありますが数は多くないので、街中ではなかなかお目にかかれません。やっと見つけても人や車両の往来があり、ゆっくり見られないなんてことも多いのではないでしょうか。下水道関連施設やイベントで展示されている蓋なら、間近でじっくり観察できて写真も撮り放題。展示方法によっては裏面も見ることができますので、普段は見ることのできない構造にもぜひ注目してみてください。マンホール蓋は本来、下水道の維持管理や補修のために開けられた点検孔の蓋ですが、そうした用途ではなく最初から展示用、資料用に作られた物もあります。例えば「蔵前水の館（東京都台東区）に展示されている東京23区のカラーマンホール蓋は、デザインの説明用に作られた特別製で、路上には存在しません。

岡山県 久米南町

Lot No.	Lot No.	Lot No.	Lot No.	Lot No.

岡山県
久米南町
33-663-A001

34°54'44.0"N
133°56'49.7"E

469-35-10-1

デザインの由来

設置開始 2016年

久米南町のマスコットキャラクター「カッピー」を中央に配置し、カッピーを取り囲むように町花の「ツツジ」をデザインしたマンホール蓋です。本来、カッピーは手にハープを持っていますが、このマンホール蓋に描かれたカッピーはソフトボールプレイヤーの姿をしています。これは、2005年の「晴れの国おかやま国体」で久米南町が開催地となった「少年女子ソフトボール競技」を記念してデザインを変更したものです。

カッピー
ツツジ

道の駅くめなん

第9弾

33-663-A001
469-35-10-1
2018.12

配布場所
道の駅くめなん

配布場所住所
岡山県久米郡久米南町
下二ケ1367-1

久米南町のマスコットキャラクター「カッピー」を中央に配置し、周囲に町花の「ツツジ」をデザインしたマンホール蓋です。本来、カッピーは手にハープを持っていますが、このマンホール蓋に描かれたカッピーはソフトボールプレイヤーの姿をしています。これは、2005年の「晴れの国おかやま国体」で久米南町が開催地となった「少年女子ソフトボール競技」を記念してデザインを変更したものです。

広島県 東広島市

Lot No.	Lot No.	Lot No.	Lot No.	Lot No.

広島県
東広島市
34-212-B001

34°33'53.5"N
132°49'15.5"E

470-36-11-2

デザインの由来

設置開始 2017年

オオサンショウウオ

レストラン豊栄くらす

第9弾

34-212-B001
470-36-11-2
2018.12

配布場所
レストラン豊栄くらす

配布場所住所
広島県東広島市豊栄町
清武352-1

豊栄町のマンホール蓋は、国の特別天然記念物「オオサンショウウオ」を主体に旧豊栄町の町の木である「アカマツ」と町の花である「ミツバツツジ」を図案化し、町内の豊かな自然を表現しています。豊栄町は、日本海に注ぐ江の川、瀬戸内海に注ぐ沼田川などの水系の源流域にあたり、まさに「水の生まれるまち」です。その源流域から流れる澄んだ河川にオオサンショウウオが生息しています。

島根県 益田市

Lot No.	Lot No.	Lot No.	Lot No.	Lot No.

島根県
益田市
32-204-A001

34°41'35.1"N
131°50'00.3"E

528-37-3-1

デザインの由来

設置開始 2006年

益田市のマンホール蓋には、清流「高津川」を泳ぐ「アユ」をメインに、市の市章、市の花「スイセン」、市の木「ケヤキ」の葉をデザインしています。益田市を流れる「高津川」は国内では唯一支流を含めるダムがない一級河川で、国土交通省の水質調査で清流日本一に幾度となく選ばれているとても美しい川です。高津川の美しい水で育つアユは極めて香りが高く、強い旨味も兼ね備えていると評判です。水質日本一に選ばれている清流高津川が流れるこの地域では、おいしいアユを楽しむ人々の姿を見ることができ、また、市の花である「スイセン」は、県道大社公園にして、その壮大な日本海をバックに200万本を超える日本水仙を楽しむことができます。

1908-000-001
(一社)益田市観光協会　©GKP

第10弾

32-204-A001
528-37-3-1
2019.08

配布場所
一般社団法人益田市観光協会

配布場所住所
島根県益田市駅前町17-2

益田市のマンホール蓋には、清流「高津川」を泳ぐ「アユ」をメインに、市の花「スイセン」、市の木「ケヤキ」の葉、そして市章がデザインされています。益田市を流れる「高津川」は国内では唯一支流を含めるダムがない一級河川で、国土交通省の水質調査で清流日本一に幾度となく選ばれているとても美しい川です。高津川の美しい水で育つアユは極めて香りが高く、強い旨味も兼ね備えていると評判です。

島根県 大田市

Lot No.	Lot No.	Lot No.	Lot No.	Lot No.

島根県
大田市
32-205-A001

35°08'50.1"N
132°24'17.1"E

529-38-4-1

デザインの由来

設置開始 2003年　仁摩サンドミュージアム

砂浜を歩くとキュッキュッと琴の音のような音が鳴る鳴き砂・琴ヶ浜がある大田市仁摩町馬路(まじ)には、ある美い伝説があります。"壇の浦の源平の戦に敗れて浜に流れ着いた平家の姫は、村人に助けられ、お礼に毎日琴を奏でておりました。姫がなくなり村人たちは大いに悲しみましたが、なんと砂浜が琴の音のように鳴くようになりました"というもの。砂浜でこのマンホール蓋がデザインされています。琴ヶ浜の砂浜を歩くと、「キュッキュッ」と琴の音色のような音がします。なお、仁摩町の砂時計をモチーフにした仁摩サンドミュージアムのピラミッドも描かれています。不滅道仁摩道と海岸線記念館である砂暦で平を平でためる効果に役割を果たしています。

1908-000-001
仁摩サンドミュージアム　©GKP

第10弾

32-205-A001
529-38-4-1
2019.08

配布場所
仁摩サンドミュージアム

配布場所住所
島根県大田市仁摩町天河内975番地

大田市仁摩町馬路(まじ)に伝わる「琴姫伝説」を元にデザインされたマンホール蓋です。「琴姫伝説」とは"壇の浦の源平の戦に敗れて浜に流れ着いた平家の姫は、村人に助けられ、お礼に毎日琴を奏でておりました。姫が亡くなり村人たちは大いに悲しみましたが、なんと砂浜が琴の音のように鳴くようになりました"というもの。琴ヶ浜の砂浜を歩くと、「キュッキュッ」と琴の音色のような音がします。

島根県 津和野町

島根県
津和野町
32-501-A001

34°27'04.1"N
131°45'35.5"E

530-39-5-1

デザインの由来

国の重要無形民俗文化財「鷺舞」をモチーフにした津和野町のイメージアップキャラクター「つわみん」を描いたマンホール蓋です。頭の鷺飾りがチャームポイントの可愛らしいつわみんは、地域のイベントはもとより全国各地のイベントに出向き、多くの人々を癒しています。さらに、初夏になると殿町通りの掘割に咲き誇る「花菖蒲」を、つわみんを取り囲むようにあしらったデザインになっています。

第10弾

32-501-A001
530-39-5-1
2019.08

配布場所
(一社)津和野町観光協会
配布場所住所
島根県鹿足郡津和野町
後田イ71-2

岡山県 早島町

岡山県
早島町
33-423-A001

34°36'10.0"N
133°50'00.7"E

531-40-11-1

デザインの由来

早島町では1985年頃から下水道整備を開始。町民から図案を公募し、270点の応募作の中から選ばれたイラストを採用してデザインされたのがこのマンホール蓋です。真ん中に瀬戸大橋のイラストと「早島」の文字を配し、外周には町民の輪がそれをしっかりと支える姿が描かれています。このデザインは、町民が団結して未来の早島へ向かって突き進むことをイメージして考案されたものです。

第10弾

33-423-A001
531-40-11-1
2019.08

配布場所
早島町町民総合会館
「ゆるびの舎」
配布場所住所
岡山県都窪郡早島町前潟
370-1番地

岡山県 鏡野町

Lot No.	Lot No.	Lot No.	Lot No.	Lot No.

岡山県
鏡野町
33-606-A001

35°05'31.3"N
133°55'59.4"E

532-41-12-1

デザインの由来

設置開始：1999年

銅鏡
（鏡野町史―考古資料編―より）

鏡野の名の由来の一つである春々妻郷はかつてこの地に居住層（かがみつくりべ一族ともどうつくる技術者集団）がいたことによるものといわれているといい、このマンホール蓋のデザインは、鏡野町内の観音山古墳（かんのんやまこふん）から出土した「三角縁神獣鏡（さんかくぶちしんじゅうきょう）」をモチーフにしています。それぞれ1対の神、1対の霊獣をあしらっています。三角縁神獣鏡は大和政権からあたえられたものと考えられており、大和政権と深い関わりを持つ証とされています。神や霊獣は、時空を超えて今も住民を見守り続けています。

鏡野町物産館 夢広場 ©GKP

1908-00-001

第**10**弾

33-606-A001
532-41-12-1
2019.08

配布場所
鏡野町物産館　夢広場

配布場所住所
岡山県苫田郡鏡野町円宗寺233

このマンホール蓋のデザインは、鏡野町内の観音山古墳（かんのんやまこふん）から出土した「三角縁神獣鏡（さんかくぶちしんじゅうきょう）」をモチーフにしています。左右と上下にそれぞれ1対の神、1対の霊獣をあしらっています。三角縁神獣鏡は大和政権からあたえられたものと考えられており、大和政権と深い関わりを持つ証とされています。神や霊獣は、時空を超えて今も住民を見守り続けています。

広島県 竹原市

Lot No.	Lot No.	Lot No.	Lot No.	Lot No.

広島県
竹原市
34-203-B001

©佐藤順一・TYA/たまゆら製作委員会

34°20'38.2"N
132°54'43.8"E

533-42-12-2

デザインの由来

設置開始：2019年

ももねこ

アニメ『たまゆら』の舞台となった竹原は、「訪れてみたい日本のアニメの聖地88」に選定され、多くの観光客が訪れますその地域を盛り上げるためにこの度、竹原をPRするメインキャラクターの沢渡楓とマスコットキャラクターのももねこを描いたデザインマンホール蓋を作成しました。『たまゆら』のキャラクターが描かれたデザインマンホールは、アニメに登場する竹原駅前商店街を通って、町並み保存地区に至るまでのルート上に設置しています。デザインマンホール蓋を探しながら、アニメに出来に感謝された作品の美しい風景のどこか見渡内容のある美しい風景のどこかご確認ください

道の駅たけはら ©GKP

1908-00-001

第**10**弾

34-203-B001
533-42-12-2
2019.08

配布場所
道の駅たけはら　2階
観光情報コーナー

配布場所住所
広島県竹原市本町1丁目1番1号

アニメ『たまゆら』の舞台となった竹原市のマンホール蓋は、『たまゆら』メインキャラクターの「沢渡 楓」とマスコットキャラクターの「ももねこ」を描いたデザインになっています。竹原市は「訪れてみたい日本のアニメの聖地88」に選定され、多くの観光客で賑わっています。このマンホール蓋はアニメに登場する竹原駅から駅前商店街を通って、町並み保存地区に至るまでのルートに設置されています。

山口県 宇部市

Lot No.	Lot No.	Lot No.	Lot No.	Lot No.

山口県
宇部市
35-202-A001

うべ市
緑と花と彫刻のまち
おすい

33°56'55.0"N
131°14'55.9"E

534-43-8-1

デザインの由来

設置開始 1999年

ハナショウブ

くすのき　サルビア

このマンホール蓋は1999年に製作したデザインマンホール蓋(3種類)の1つです。宇部市のキャッチフレーズである「緑と花と彫刻のまち」のシンボルとして、市の東部に位置する「ときわ公園」のしょうぶ苑に咲く「ハナショウブ」を中央に描き、外側には市の木「くすのき」、花「サルビア」がデザインされたマンホール蓋です。ときわ公園は21世紀に残したい日本の風景」総合公園第1位、「日本の都市公園100選」、「さくら名所100選」に選定され、毎年6月中旬には「しょうぶまつり」が行われ、約8万本、品種約150種類の美しいハナショウブを楽しむことができます。

1908-00-001
ときわ公園
©GKP

第10弾

35-202-A001
534-43-8-1
2019.08

配布場所
ときわ湖水ホール

配布場所住所
山口県宇部市大字沖宇部254

宇部市のキャッチフレーズである「緑と花と彫刻のまち」のシンボルとして、市の東部に位置する「ときわ公園」のしょうぶ苑に咲く「ハナショウブ」を中央に描き、外側には市の木「くすのき」、花「サルビア」がデザインされたマンホール蓋です。ときわ公園は「21世紀に残したい日本の風景」総合公園第1位、「日本の都市公園100選」、「さくら名所100選」に選定された観光名所となっています。

山口県 岩国市

Lot No.	Lot No.	Lot No.	Lot No.	Lot No.

山口県
岩国市
35-208-A001

34°10'18.4"N
132°13'27.6"E

535-44-9-1

デザインの由来

設置開始 1990年

錦帯橋

鵜飼　岩国城

このマンホール蓋は、本市のシンボルである「錦帯橋」と「岩国城」を、伝統的な夏の風物詩である「鵜飼」と併せて描き、中央に市章を配置したものです。錦帯橋は73年の歳月を経て当時の姿を再現しているが、変わらぬ佇まいで、多くの人々を魅了してきました。岩国城は、本市のシンボルである「錦帯橋」と「岩国城」を、伝統的な夏の風物詩である「鵜飼」と併せて描いたものです。

1908-01-002
岩国市観光交流所 本家 松がね
©GKP

第10弾

35-208-A001
535-44-9-1
2019.08

配布場所
岩国市観光交流所本家
松がね

配布場所住所
山口県岩国市岩国1丁目7-3

岩国市のシンボル「錦帯橋」と「岩国城」を、伝統的な夏の風物詩である「鵜飼漁」と併せて描き、中心に市章を配置したマンホール蓋です。錦帯橋は1673年の建造以来変わらぬ佇まいで、多くの人々を魅了してきました。錦帯橋には、幕末を描いたドラマなどでおなじみの篤姫が、嫁入りのために上京する途中に回り道をして岩国に立ち寄り、渡橋許可を待ちきれず強引に渡ってしまったという逸話もあります。

島根県 出雲市

GET ✓		Lot No.	Lot No.	Lot No.	Lot No.	Lot No.

島根県
出雲市
32-203-A001

35°25'57.6"N
132°37'46.8"E

596・45・6・1

デザインの由来

設置開始 1985年

出雲日御碕灯台

経島のウミネコ

石造り灯台としては日本一の高さを誇る「出雲日御碕灯台（いずもひのみさきとうだい）」と「経島（ふみしま）のウミネコ」がデザインされたマンホール蓋です。紺碧の海と空に映える白亜の灯台は、歴史や文化的な価値の高さから「世界の歴史的灯台百選」にも選ばれ、「恋する灯台」にも認定されました。灯台内部のらせん階段を上った展望台からは、日本海と島根半島の全景を一望することができます。

1912-00-001
日御碕ビジターセンター　©GKP

第11弾

32-203-A001
596-45-6-1
2019.12

配布場所
日御碕ビジターセンター

配布場所住所
島根県出雲市大社町日御碕
1089-37

島根県 吉賀町

GET ✓		Lot No.	Lot No.	Lot No.	Lot No.	Lot No.

島根県
吉賀町
32-505-A001

水源のまち
八日市

34°21'11.0"N
131°56'33.7"E

597・46・7・1

デザインの由来

設置開始 1998年

オヤニラミ

「水源のまち吉賀町」町には9町を占める中山間地と、水質日本一に選出されたこともあるダムのない川「高津川」の水源地があります。全国屈指の清流には、今では珍しい植物や生き物が数多く生息しています。吉賀町のマンホール蓋は、「水源事業を保全し守り、美しい自然を水を、いつまでも守りたい」という想いを込めて、天然記念物の「オヤニラミ」を中心に据えています。その周囲に「ホタル」を配置し、高津川を守り続ける町をイメージできるデザインとしています。吉賀町へお越しの際はマンホール蓋だけでなく周りの奈良や山の中にも目を向けてみてください。

1912-00-001
道の駅むいかいち温泉ゆらら　©GKP

第11弾

32-505-A001
597-46-7-1
2019.12

配布場所
道の駅むいかいち温泉ゆらら

配布場所住所
島根県鹿足郡吉賀町有飯
225-2

吉賀町のマンホール蓋には「美しい自然と水をいつまでも守りたい」という想いを込めて天然記念物の「オヤニラミ」が中心に据えられています。その周囲には「ホタル」を配置し、高津川を守り続ける町をイメージできるデザインとなっています。水質日本一に選出されたこともある、ダムのない川「高津川」の水源地を擁する吉賀町。全国屈指の清流には、稀少な植物や生き物が数多く生息しています。

岡山県 津山市

Lot No.	Lot No.	Lot No.	Lot No.	Lot No.

岡山県
津山市
33-203-A001

35°03' 37.9"N
134°00' 11.2"E

デザインの由来

第11弾

33-203-A001
598-47-13-1
2019.12

配布場所
津山観光センター
(津山市観光協会)
配布場所住所
岡山県津山市山下97-1

津山市のマンホール蓋のモチーフとなっているのは津山城とごんご（津山の方言で河童のこと）です。津山城は津山藩初代藩主・森忠政が1616年（元和2年）に鶴山（つるやま）に完成させた平山城です。明治の廃城令で建造物は取り壊されましたが、2005年には「備中櫓（びっちゅうやぐら）」が復元され、現在では鶴山公園（かくざんこうえん）として西日本有数の桜の名所となっています。

山口県 萩市

Lot No.	Lot No.	Lot No.	Lot No.	Lot No.

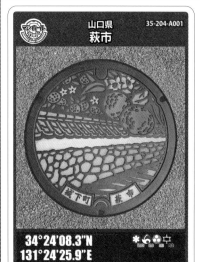

山口県
萩市
35-204-A001

34°24'08.3"N
131°24'25.9"E

デザインの由来

第11弾

35-204-A001
599-48-10-1
2019.12

配布場所
萩・明倫学舎
配布場所住所
山口県萩市大字江向
602番地

萩市を象徴する風景「白壁と夏みかん」をモチーフにデザインされたマンホール蓋です。萩市は古地図がそのまま使える街並みで、城下町を散策すると現在でもデザインの元となった風景「白壁からのぞく夏みかん」を目にすることができます。夏みかんは市の果樹に指定されています。明治維新後、生活の術を失った士族たちが生計を立てるため、武家屋敷の空き地を利用して夏みかんの栽培を始めました。

山口県 下松市

Lot No. Lot No. Lot No. Lot No. Lot No.

山口県 下松市
35-207-B001

34°00'53.0"N
131°52'15.1"E

第11弾

35-207-B001
600-49-11-2
2019.12

配布場所
下松中央公民館
（ほしらんどくだまつ内）
配布場所住所
山口県下松市大手町二丁目
3番1号

「ものづくりのまち」下松市のマンホール蓋は、近代化産業遺産として大切にされている「下工（くだこう）弁慶号」と、市民の花「サルビア」をモチーフとしており、市制施行80周年を記念して作製されました。下工弁慶号は、明治40年に石川島造船所で製造後、徳山海軍練炭製造所で使用された蒸気機関車で、昭和9年に下松工業高等学校が譲り受け、原動機実習教材として活用されました。

島根県 江津市

Lot No. Lot No. Lot No. Lot No. Lot No.

島根県 江津市
32-207-A001

35°00'48.9"N
132°13'25.0"E

第12弾

32-207-A001
655-50-8-1
2020.04

配布場所
江津市観光協会
配布場所住所
島根県江津市江津町1518-1

「江の川」が日本海にそそぐ、河口の町である江津市の風景をイメージしたマンホール蓋です。中国地方最大の大河「江の川」は青く、雄大に流れ、春には市の花「ツツジ」や「桜」が彩りを添えます。珍しい二段橋「新江川橋」の先には、874年に隕石が降下したことから名付けられた「星高山」の☆マークが見えます。川の青、山の緑、花の赤と、色彩豊かでありながら調和がとれた風景が江津市の魅力です。

島根県 **雲南市**

Lot No.	Lot No.	Lot No.	Lot No.	Lot No.

島根県
雲南市
32-209-A001

35°17'54.4"N
132°53'50.6"E

656-51-9-1

デザインの由来

桜のトンネル

須我神社

雲南市誕生前の木次町・三刀屋町の公共下水道事務組合で採用したデザインです。日本初、新三刀屋町のマスコット、チェリーちゃん（桜をイメージ）とみこと君（スサノオノミコトをイメージ）がヤマタノオロチに乗り越えに泳いています。ヤマタノオロチは出雲神話に登場する大蛇で、スサノオノミコトが退治し建造したとされる日本初之宮須我神社を始め、市内には多くの伝承地が数多く残っています。また、雲南市の花、桜は、日本さくら名所100選に選定された斐伊川堤防桜並木で有名で、約800本の桜が咲き誇る2kmに渡って続く桜のトンネルは川中州の中心の桜の名所としてその名を馳せています。

2004-00-001
雲南市水道局
©GKP

第12弾

32-209-A001
656-51-9-1
2020.04

配布場所
【平日】雲南市水道局
島根県雲南市木次町下熊谷1107
【休日】雲南市観光協会
島根県雲南市木次町里方26-1
（JR木次駅内）

雲南市のマンホール蓋は、雲南市誕生前の旧木次町・旧三刀屋町の公共下水道事務組合で採用したデザインです。マスコット「チェリーちゃん」（桜をイメージ）と「みこと君」（スサノオノミコトをイメージ）がヤマタノオロチに乗っています。ヤマタノオロチは出雲神話に登場する大蛇で、スサノオノミコトが退治して建造したとされる日本初之宮須我神社を始め、市内には多くの伝承地が残っています。

岡山県 **倉敷市**

Lot No.	Lot No.	Lot No.	Lot No.	Lot No.

岡山県
倉敷市
33-202-D001

34°31'43.8"N
133°44'28.9"E

657-52-14-4

デザインの由来

キハ205号

水島臨海工業地帯（夜景）

瀬戸内海に面した水島臨海工業地帯と倉敷市の中心部を結ぶ水島臨海鉄道は、2020年に営業開始から50周年を迎えました。発足当時運行していた馬な機関車の汽笛音に由来するピーポーという愛称でこも鉄の方が多くの沿線ファンに親しまれています。この蓋は「キハ205号」という車両をデザインしており、2017年3月に引退した「MRT300」で、公募により選定されたひまわりが車体に描かれています。本鉄道の車両とひまわりをデザインした蓋は全部で3種類。他の2種類は、倉敷市と栄駅の駅前に設置していますので探して下さい。

2004-00-001
水島臨海鉄道　水島駅
©GKP

第12弾

33-202-D001
657-52-14-4
2020.04

配布場所
【月～土】水島臨海鉄道水島駅
岡山県倉敷市水島東千鳥町10-1
【日曜日】水島臨海鉄道倉敷市駅
岡山県倉敷市阿知1-1-2

倉敷市のマンホール蓋には、水島臨海工業地帯と倉敷市中心部を結ぶ水島臨海鉄道で活躍した「キハ205号」という車両がデザインされています。キハ205号は2017年3月に引退し、現在の主力車両は「MRT300」で、公募により選定されたひまわりが車体に描かれています。本鉄道の車両とひまわりをデザインした蓋は全部で3種類。他の2種類は、倉敷市駅と栄駅の駅前に設置されています。

広島県 安芸高田市

Lot No.	Lot No.	Lot No.	Lot No.	Lot No.

広島県
安芸高田市
34-214-A001

34°39'51.1"N
132°40'00.1"E

658-53-13-1

デザインの由来

安芸高田市をマザータウンとするサンフレッチェ広島のマスコットキャラクター「サンチェ」と安芸高田市のマスコットキャラクター「たかたん」を描いたマンホール蓋です。サンフレッチェ広島のクラブ名は、安芸高田市に居城を置いた戦国時代の武将「毛利元就」の故事「三本の矢」が由来となっています。旧吉田町は「吉田サッカー公園」、ユース寮「三矢寮」を整備し、プロチーム・ユースチームの練習拠点となっています。このマンホール蓋はマスコットキャラクターがサポーターと共に勝利を目指し応援する姿をイメージしたデザインとなっています。

設置開始年 2020年

2004-00-001
道の駅三矢の里あきたかた   ©GKP

第12弾

34-214-A001
658-53-13-1
2020.04

配布場所
道の駅三矢の里あきたかた
（安芸高田市観光協会）
配布場所住所
広島県安芸高田市吉田町
山手1059-1

安芸高田市をホームタウンとするサッカークラブ「サンフレッチェ広島」のマスコット「サンチェ」と、安芸高田市のマスコット「たかたん」が描かれたマンホール蓋です。サンフレッチェ広島のクラブ名は、安芸高田市に居城を置いた戦国時代の武将・毛利元就の故事「三本の矢」が由来。旧吉田町は「吉田サッカー公園」、ユース寮「三矢寮」を整備し、プロチーム・ユースチームの練習拠点となっています。

山口県 山陽小野田市

Lot No.	Lot No.	Lot No.	Lot No.	Lot No.

山口県
山陽小野田市
35-216-A001

Sanyonoda

33°59'25.2"N
131°10'38.4"E

659-54-12-1

デザインの由来

山陽小野田市は平成17年3月、旧小野田市と旧山陽町が合併して誕生しました。このマンホール蓋は合併後に初めて作られたデザインです。モチーフは「くぐり岩」と「ひまわり」で、市のPRロゴマークも入っています。くぐり岩は市の最南端の本山岬にあり、干潮時には壮観な景色を楽しむことができ、歩いてくぐり抜けることもできます。なお、同じイラストで色違いのマンホール蓋もこのマンホール蓋は曲да線に設置しておりますので、ぜひ探してみてください。

設置開始年 2019年

2004-00-001
きらら交流館   ©GKP

第12弾

35-216-A001
659-54-12-1
2020.04

配布場所
【通常】きらら交流館
山口県山陽小野田市大字小野田587-9
【休館日】山陽小野田市役所
建設部下水道課
山口県山陽小野田市日の出
一丁目1番1号

このマンホール蓋は、平成17年3月に旧小野田市と旧山陽町が合併し、山陽小野田市が誕生した後に初めてデザインされました。モチーフは「くぐり岩」と「ひまわり」で、市のPRロゴマークも入っています。くぐり岩は市の最南端の本山岬にあり、干潮時には壮観な景色を楽しむことができるほか、歩いてくぐり抜けることもできます。なお、同じイラストで色違いのマンホール蓋も設置されています。

徳島県 流域下水道

Lot No.	Lot No.	Lot No.	Lot No.	Lot No.

徳島県
流域下水道
36-000-A001

34°07'42.3"N
134°36'45.2"E

デザインの由来

敷設開始 2009年

あめご／てながえび／しおまねき

徳島平野の中央を東に流れる吉野川。紀伊水道へと流れ込む河口には、潮が引くと出現する大きな干潟が、多くの希少生物の生息地となっています。マンホールの右下に描かれた「シオマネキ」は、片方の大きなハサミを振る動作が招いているように見えることから、その名が付けられました。このこの香川川丁丈が日本でも有数の群生地となっています。その他にも「アメゴ」「アユ」「テナガエビ」といった吉野川の生物たちが描かれており、そこには「これら貴重な生物の生息できるきれいな川や海を未来までつなげていきたい」という思いが込められています。

1812-01-002
旧吉野川浄化センター
©GKP

第9弾

36-000-A001
471-25-3-1
2018.12

配布場所
【平日】旧吉野川浄化センター
(愛称：アクアきらら月見ヶ丘)
徳島県板野郡松茂町豊岡字山の手41
【休日】月見ヶ丘海浜公園
徳島県板野郡松茂町豊岡字山の手42

徳島平野の中央を西から東に流れる吉野川。このマンホール蓋の右下に描かれた「シオマネキ」は、潮が引くと現れる吉野川の広大な干潟が、日本でも有数の群生地となっています。その他にも「アメゴ」「アユ」「テナガエビ」といった吉野川の生物たちが描かれており、そこには貴重な生物の生息できる「きれいな川や海を未来までつなげていきたい」という思いが込められています。

香川県 丸亀市

Lot No.	Lot No.	Lot No.	Lot No.	Lot No.

香川県
丸亀市
37-202-B001

34°15'52.0"N
133°51'40.0"E

デザインの由来

敷設開始 2000年

飯野山(讃岐富士)

マンホール蓋の右手にデザインされているのは、丸亀市飯山町の特産品である「桃」その生産量は県下一を誇ります。背後にそびえ立つのは、新日本百名山のひとつである「飯野山」です。円すい形の美しい姿から、讃岐富士とも呼ばれています。左手に描かれているひときわ大きな足跡は、飯野山に伝わる伝説の大男「おじょも」のものです。飯野山に登ると、今でも「おじょもの足跡」がついた岩を見ることができます。2005年3月22日の告示により制定されました。マンホール蓋の下方には、町木であったサザンカがあしらわれています。

1812-00-001
丸亀市飯山市民総合センター
©GKP

第9弾

37-202-B001
472-26-9-2
2018.12

配布場所
丸亀市飯山市民総合センター
【平日】業務担当窓口
【休日】守衛室
配布場所住所
香川県丸亀市飯山町川原
1114番地1

丸亀市のマンホール蓋の右手にデザインされているのは、丸亀市飯山町の特産品で、県下一の生産量を誇る「桃」。背後にそびえ立つのは、新日本百名山のひとつ「飯野山」です。円すい形の美しい姿から、別名「讃岐富士」とも呼ばれています。左手に描かれているひときわ大きな足跡は、飯野山に伝わる伝説の大男「おじょも」のものです。下方には、町木であった「サザンカ」があしらわれています。

香川県 綾川町

Lot No.	Lot No.	Lot No.	Lot No.	Lot No.

香川県 綾川町
37-387-A001

デザインの由来

設置開始 2018年　綾川　うどん用ざる

町名の由来ともなっている、清流「綾川」をバックに、町木である「梅の花」をデザインしたマンホール蓋です。「綾川」は、香川県下最長の河川であり、県のほぼ中心に位置する本島を北流しています。また、さぬきうどん発祥の地として知られ、「うどん用ざる」のデザインも入れているところがユニークです。梅をこよなく愛した菅原道真公ゆかりの地、滝宮天満宮は、梅の名所で知られ、約1,000本の梅の木があり、早春には紅梅・白梅・枝垂れ梅などが咲き誇ります。毎年2月末には、梅花祭も行われています。

1812-00-001
綾川町役場建設課　©GKP

第9弾

37-387-A001
473-27-10-1
2018.12

配布場所
綾川町役場建設課

配布場所住所
香川県綾歌郡綾川町滝宮
299番地

34°14'58.0"N
133°55'49.9"E

綾川町の町名の由来ともなっている、清流「綾川」をバックに、町木である「梅の花」をデザインしたマンホール蓋です。梅をこよなく愛した菅原道真公ゆかりの地「滝宮天満宮」は、梅の名所です。綾川は香川県下最長の河川であり、県のほぼ中心に位置する本島を北流しています。綾川町はさぬきうどん発祥の地として知られているため、「うどん用ざる」のデザインも取り入れています。

香川県 多度津町

Lot No.	Lot No.	Lot No.	Lot No.	Lot No.

香川県 多度津町
37-404-A001

デザインの由来

設置開始 1966年　桜　桃陵公園

多度津町は、香川県の中部に位置し、南は讃岐平野、北は瀬戸内海国立公園に接している風光明媚な町です。本デザインは、多度津町の町花・町木「桜」が咲き誇る姿として制作されました。桜は町内を流れる2級河川「桜川」や多度津町のゆるキャラ「さくらちゃん」など様々なものの名称に桜が用いられています。中でも、多度津山東部に開園されている香川県立桃陵公園は、約1,500本の桜（ソメイヨシノ）が植生する桜の名所で、開春には来場者参加型イベント「たどつさくらまつり」が盛大に行われております。

1812-00-001
多度津町役場建設課　©GKP

第9弾

37-404-A001
474-28-11-1
2018.12

配布場所
【平日】多度津町役場　建設課
【休日】多度津町役場　宿直室

配布場所住所
香川県仲多度郡多度津町
栄町1丁目1番91号

34°16'21.0"N
133°45'13.1"E

多度津町のマンホール蓋は、町花・町木「桜」が咲き誇る姿を描き、一番大きい花びらの中に町章があしらわれています。多度津町において桜はなじみが深く、町内を流れる2級河川「桜川」や多度津町のゆるキャラ「さくらちゃん」など様々なものの名称に桜が用いられています。中でも、多度津山東部一帯に開園されている香川県立桃陵公園は、約1,500本の桜（ソメイヨシノ）が植生する桜の名所です。

香川県 綾川町

Lot No. | Lot No. | Lot No. | Lot No. | Lot No.

香川県
綾川町
37-387-B001

34°14'58.1"N
133°55'49.7"E

デザインの由来

マンホール蓋の中央に描いた「スイセン」は綾川町の町花です。綾川町南部に位置する西分地区には「水仙ロード」があり、3月下旬ごろにはスイセンとしだれ桜とのコラボレーションが楽しめます。マンホール蓋の周囲に描いた「もみじ」は旧綾上町の町木です。町内を流れる綾川の上流には「水源の森百選」や「香川のみどり百選」に選ばれた約7kmにわたる渓谷「柏原渓谷」があり、その美しい景観が人気を集めています。

綾川町立生涯学習センター

第10弾

37-387-B001
536-29-12-2
2019.08

配布場所
綾川町立生涯学習センター

配布場所住所
香川県綾歌郡綾川町滝宮318番地

綾川町の町花「スイセン」が中央に描かれたマンホール蓋です。綾川町南部に位置する西分地区には「水仙ロード」があり、3月下旬ごろにはスイセンとしだれ桜とのコラボレーションが楽しめます。周囲に描かれた「もみじ」は旧綾上町の町木です。町内を流れる綾川の上流には「水源の森百選」や「香川のみどり百選」に選ばれた約7kmにわたる渓谷「柏原渓谷」があり、その美しい景観が人気を集めています。

愛媛県 今治市

Lot No. | Lot No. | Lot No. | Lot No. | Lot No.

愛媛県
今治市
38-202-A001

34°07'39.7"N
133°01'19.2"E

デザインの由来

市の花「ツツジ」と、日本三大急潮の一つである来島海峡の「急流」、サイクリングの聖地と言われる「瀬戸内しまなみ海道」をデザインしました。この地には、急流が渦巻く地の利を活かして「日本最大の海賊」と称された村上海賊が活躍した来島があります。また、しまなみ海道には自転車歩行者専用道路が整備され、美しい瀬戸内海の景色を見ながら、開放感に満ちたサイクリングを堪能できます。

今治地域地場産業振興センター

第10弾

38-202-A001
537-30-7-1
2019.08

配布場所
一般財団法人
今治地域地場産業振興センター

配布場所住所
愛媛県今治市旭町二丁目3-5

市の花「ツツジ」と、日本三大急潮の一つである来島海峡の「急流」、サイクリングの聖地と言われる「瀬戸内しまなみ海道」をデザインしたマンホール蓋です。この地には、急流が渦巻く地の利を活かして「日本最大の海賊」と称された村上海賊が活躍した来島があります。しまなみ海道には自転車歩行者専用道路が整備され、美しい瀬戸内海の景色を見ながら、開放感に満ちたサイクリングを堪能できます。

香川県 まんのう町

香川県
まんのう町
37-406-A001

34°11'32.3"N
133°50'29.0"E

デザインの由来

先人の英知と技術により守り継がれる日本最大級のため池。世界かんがい遺産に登録された満濃(まんのう)池と、かつて池で見られた蛍を描いたマンホール蓋です。満濃池は、1300年前に創築され、決壊後、821年に高僧・空海が、延べ38万人もの労働力を用いてわずか2ヶ月余りで再築されたといわれています。再築にあたり、アーチ型堤防、余水吐、護岸柵(しがらみ)の新工法を採用しました。その後、決壊と再築を繰返し、1900年頃の3度の嵩上げ工事を経て、日本最大級の農業用ため池へ変貌しました。先人たちが築いた地域独自の水利慣行も今も脈々に実施しています。

1912-00-001
まんのう町役場建設土地改良課　©GKP

第11弾

37-406-A001
601-31-13-1
2019.12

配布場所
まんのう町役場
【平日】建設土地改良課
【休日】宿直室
配布場所住所
香川県まんのう町吉野下430番地

まんのう町が誇る日本最大級のため池、世界かんがい遺産にも登録された満濃(まんのう)池と、かつて池で見られた蛍を描いたマンホール蓋です。満濃池は1300年前に創築され、決壊後、821年に高僧・空海が、延べ38万人もの労働力を用いてわずか2ヶ月余りで再築されたといわれています。再築にあたり、「アーチ型堤防」「余水吐」「護岸柵(しがらみ)」の新工法が採用されました。

愛媛県 東温市

愛媛県
東温市
38-215-B001

33°47'36.8"N
132°52'37.9"E

デザインの由来

東温は平成16年9月に重信町と川内町が合併して発足しました。こちらのデザインマンホールは、旧重信町でデザインを募集し、採用した活気に溢れる町をイメージした作品が選ばれています。マンホールの中央には、どてかぼちゃと活気溢れる町をイメージした子供たち、その周りに町の特産品のいちご、町花「菊」が描かれています。ユニークなかぼちゃなどが全国各地から大集結して、賑わいを見せています。旧重信町に位置する地区に本マンホール蓋を設置しています。

1912-00-001
東温アートヴィレッジセンター　©GKP

第11弾

38-215-B001
602-32-8-2
2019.12

配布場所
東温アートヴィレッジセンター
配布場所住所
愛媛県東温市見奈良1125番地
レスパスシティ内
クールスモール2階

東温市のマンホール蓋は、中心に「どてかぼちゃ」と活気溢れる町をイメージした子供たち、周囲に特産品「いちご」、町花「菊」がデザインされています。平成16年9月に重信町と川内町が合併して発足した東温市。1985年に旧重信町で日本初の「どてかぼちゃカーニバル」が開催され、以降は毎年9月頃に百キロを超える巨大かぼちゃや、ユニークな形のかぼちゃなどが大集結して、賑わいを見せています。

香川県 丸亀市

Lot No.	Lot No.	Lot No.	Lot No.	Lot No.

香川県
丸亀市

37-202-C001

34°13'57.8"N
133°52'41.7"E

デザインの由来

丸亀市綾歌町は県下屈指の菊の産地として生産が盛んであることから、マンホール蓋の面に菊が大きくデザインされています。菊の背後には、綾歌三山である城山(しろやま)・猫山(ねこやま)・大高見峰(おおたかみみぼう)がデザインされています。城山の頂上からは、瀬戸内海、丸亀平野、飯野山(讃岐富士)が一望できます。大高見峰は、山頂の高見峰神社に祀られている天狗「大高見坊」にちなみ地元では「たかんぼさん」と呼ばれ親しまれています。2005年3月22日の合併により綾歌郡綾歌町は丸亀市綾歌町となりましたが、合併前からのデザインが現在も使われています。

設置開始 1996年　　綾歌三山

2004-00-001
丸亀市綾歌市民総合センター

第12弾

37-202-C001
660-33-14-3
2020.04

配布場所
丸亀市綾歌市民総合センター
【平日】業務担当窓口
【休日】守衛室
配布場所住所
香川県丸亀市綾歌町栗熊西
1638番地

丸亀市綾歌町が県下屈指の菊の産地であることから、市のマンホール蓋には菊が大きくデザインされています。背景に描かれているのは、城山(しろやま)・猫山(ねこやま)・大高見峰(おおたかみみぼう)。城山の頂上からは、瀬戸内海・丸亀平野・飯野山(讃岐富士)が一望できます。大高見峰は、山頂の高見峰神社に祀られている天狗「大高見坊」にちなみ「たかんぼさん」の愛称で親しまれています。

COLUMN 02

[コラム 02]

豆知識

マンホール蓋みたいな"疑似蓋"

文・写真／傭兵鉄子

街中を歩いていると、周りにあるマンホール蓋とデザインの違う物を見かけて、「新しいデザインマンホールかも！」と嬉しくなることありませんか？ でもそれは、もしかしたら道案内や説明用のプレートかもしれません。路上に設置されたプレートの中には、大きさも素材もマンホール蓋に似ている物があり、マンホーラーの間では、「疑似蓋(ぎじぶた)」と呼ばれています。

プレートにはマンホール蓋と同じように、その街の特色がデザインされている物もありますし、それとは逆に、プレートのように道案内やマナー広告が入っているマンホール蓋もあるので、疑似蓋なのかマンホール蓋なのかの判断が難しいことも。悩んだ時は受け枠の有無を見てみましょう。マンホール蓋は受け枠とセットですが、プレートは路面に直接埋め込まれているので受け枠はありません。また、点検などで開ける必要もないので、こじり穴や鍵穴、蝶番もありません。

福岡県 北九州市

Lot No.	Lot No.	Lot No.	Lot No.	Lot No.

福岡県
北九州市
40-100-D001

33°54'10.8"N
130°48'29.5"E

デザインの由来

設置開始 2018年
くきのうみ花火の祭典

「北九州市下水道事業100周年」を記念して、本市下水道事業発祥地である若松区の特色を活かしたデザインマンホールを中川通り周辺に6種類描画しました。
このマンホール蓋には、開通当時東洋一の長さを誇り、日本の長大吊り橋の先駆けと賞された若戸大橋と、若松区で毎年開催されている「くきのうみ花火の祭典」の様子をデザインしています。中川通りには、この他にも「九州JAZZ発祥の地若松」「高塔山」「クロス乾杯でギネスに挑戦」「筑前若松五平太ばやし」「旧古河鉱業若松ビル」のデザインマンホールも設置しています。

1812-00-001
北九州環境・コミュニティセンター

第9弾

40-100-D001
419-43-14-4
2018.12

配布場所
【平日・土曜日】
北九州市 環境・コミュニティセンター
福岡県北九州市若松区本町2丁目9-4
【日曜日】若松区役所守衛
福岡県北九州市若松区浜町1丁目1-1

北九州市のマンホール蓋には、開通当時東洋一の長さを誇り、日本の長大吊り橋の先駆けと賞された若戸大橋と、若松区で毎年開催されている「くきのうみ花火の祭典」の様子がデザインされています。中川通りには、この他にも「九州JAZZ発祥の地若松」「高塔山」「クロス乾杯でギネスに挑戦」「筑前若松五平太ばやし」「旧古河鉱業若松ビル」のマンホール蓋も設置しています。

福岡県 宗像市

Lot No.	Lot No.	Lot No.	Lot No.	Lot No.

福岡県
宗像市
40-220-B001

33°48'25.3"N
130°35'32.1"E

デザインの由来

設置開始 2018年
市の花カノコユリ
ユリックス

中心に市章、その周りに市の花である「カノコユリ」を対称に配置し、背景は青空をイメージしています。カノコユリは、市の木「クスノキ」とともに、総合公園施設「ユリックス」の名称の由来になりました。日本に自生するユリは15種類ありますが、その中でもカノコユリは、九州と四国のごく限られた地域にのみ自生する希少な植物で、今では絶滅危惧種に指定されています。

1812-00-001
街道の駅赤馬館

第9弾

40-220-B001
475-44-15-2
2018.12

配布場所
【火曜日～日曜日】
街道の駅赤馬館
(宗像市東部観光拠点施設)
福岡県宗像市赤間4丁目1-8
【月曜日】宗像市役所
福岡県宗像市東郷一丁目1番1号

宗像市のマンホール蓋は、中心に市章、その周りに市の花である「カノコユリ」を対称に配置し、背景は青空をイメージしています。カノコユリは、市の木「クスノキ」とともに、総合公園施設「ユリックス」の名称の由来になりました。日本に自生するユリは15種類ありますが、その中でもカノコユリは、九州と四国のごく限られた地域にのみ自生する希少な植物で、今では絶滅危惧種に指定されています。

福岡県 那珂川市

福岡県
那珂川市
40-231-A001

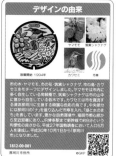

デザインの由来

ヤマモモ　筑紫シャクナゲ

カワセミ　市章

設置開始 1994年

市の木・ヤマモモ、市の花・筑紫シャクナゲ、市の鳥・カワセミをモチーフにデザインしました。ヤマモモは市内に多く自生している常緑種で、筑紫シャクナゲは市の山中に昔から自生している低木です。カワセミは市を貫流する清流那珂川に生息する綺麗な色彩の鳥です。中央部分には那珂川の「ナ」を盛り込んだ市章を入れ、「緑と水のまち」を表現しています。豊かな自然環境や、福岡市都心部から交通網が整い、JR博多南駅まで約9分という利便性の良さから、平成27年国勢調査で初めて人口5万人を達成し、平成30年10月1日から「那珂川市」になりました。

1812-00-001 ©GKP
那珂川市役所

33°31'03.5"N
130°26'08.0"E

476-45-16-1

第9弾

40-231-A001
476-45-16-1
2018.12

配布場所
【平日】那珂川市役所　下水道課
福岡県那珂川市大字安徳702番地1
【休日】博多南駅前ビル1F
ナカイチインフォメーション
福岡県那珂川市中原2丁目120
博多南駅前ビル

市の木「ヤマモモ」、市の花「筑紫シャクナゲ」、市の鳥「カワセミ」をモチーフにデザインしたマンホール蓋です。ヤマモモは市内に多く自生している常緑種で、筑紫シャクナゲは市の山中に昔から自生している低木です。カワセミは市を貫流する清流那珂川に生息する綺麗な色彩の鳥です。中央部分には那珂川の「ナ」を盛り込んだ市章を入れ、「緑と水のまち」を表現しています。

福岡県 芦屋町

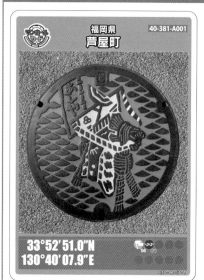

福岡県
芦屋町
40-381-A001

デザインの由来

八朔の節句（わら馬）

設置開始 1991年　芦屋海岸　わら馬

芦屋町の魅力の一つである「海」を渡ってきた伝統文化「芦屋の八朔行事（国選択無形民俗文化財）」の「わら馬」がデザインされたマンホール蓋です。芦屋町は響灘に面しており、昔から交易港として栄え、人・物・文化が渡ってきました。八朔の行事もその一つで、瀬戸内から伝わって来たと考えられています。旧暦の8月1日（現在の9月1日）には、300年以上続く伝統文化「八朔の節句」が行われます。

1812-00-001 ©GKP
(一社)芦屋町観光協会

33°52'51.0"N
130°40'07.9"E

477-46-17-1

第9弾

40-381-A001
477-46-17-1
2018.12

配布場所
(一社)芦屋町観光協会

配布場所住所
福岡県遠賀郡芦屋町大字
芦屋1455-284

芦屋町の魅力の一つである「海」を渡ってきた伝統文化「芦屋の八朔行事（国選択無形民俗文化財）」の「わら馬」がデザインされたマンホール蓋です。芦屋町は響灘に面しており、昔から交易港として栄え、人・物・文化が渡ってきました。八朔の行事もその一つで、瀬戸内から伝わって来たと考えられています。旧暦の8月1日（現在の9月1日）には、300年以上続く伝統文化「八朔の節句」が行われます。

佐賀県 白石町

Lot No.	Lot No.	Lot No.	Lot No.	Lot No.

佐賀県
白石町
41-425-A001

33°10'54.8"N
130°08'36.0"E

第9弾

41-425-A001
478-47-5-1
2018.12

配布場所
佐賀県白石町役場
【平日】生活環境課(庁舎2階)
【休日】守衛室
配布場所住所
佐賀県杵島郡白石町大字福田
1247-1

白石町のマンホール蓋の中央にデザインされたキャラクター「しろいしみのりちゃん」は有明海と白石平野の特産物「タマネギ」「海苔」「米(稲穂)」「イチゴ」「レンコン」から生まれた女の子です。「しろいしみのりちゃん」を囲む花は、町木の「サクラ」と町花の「ツツジ」。肥前国風土記にも歌垣の地として記される杵島山、その中腹にある歌垣公園は、有明海と白石平野が一望できる絶景スポットです。

熊本県 熊本市

Lot No.	Lot No.	Lot No.	Lot No.	Lot No.

熊本県
熊本市
43-100-B001

32°50'46.0"N
130°43'19.3"E

第10弾

43-100-B001
538-48-6-2
2019.08

配布場所
熊本市水の科学館
配布場所住所
熊本県熊本市北区八景水谷
1丁目11-1

昭和23年に事業着手した熊本市下水道の創設70周年と、熊本市ゆかりの漫画家である吉崎観音(よしざきみね)氏の代表作『ケロロ軍曹』の生誕20周年を記念して、宇宙初のケロロ軍曹デザインマンホール蓋が製作されました。熊本城を築城した武将「加藤清正」に扮したケロロ軍曹とその仲間たちに加え、熊本市イメージキャラクターの「ひごまる」も描かれており、熊本ならではのデザインとなっています。

大分県 日出町

大分県
日出町
44-341-A001

ひじまち。

HELLO KITTY

33°22'14.9"N
131°31'53.1"E

539-49-3-1

デザインの由来

ひじまち。
城下かれい
ハローキティと
HELLO KITTY

設置開始 2018年

ハローキティと日出町の特産品である鯉下かれいが描かれたマンホール蓋です。日出町には、サンリオキャラクターパーク・ハーモニーランドが立地していることから、2016年に基本合意を交わし、「ハローキティとくらすまち」として連携した事業を展開しています。また、城下かれいは日出町が誇る特産品で、江戸時代には将軍家に献上された高級魚です。今回のデザインはハローキティが城下かれいと別府湾の海の中で遊んでいる様子を描いています。町内にはマンホール蓋が5枚、他にもハローキティにならなった親子も町内各所で発見できるので、ぜひ探してみてください。

1908-00-001
二の丸館

©GKP

第10弾

44-341-A001
539-49-3-1
2019.08

配布場所
二の丸館

配布場所住所
大分県速見郡日出町2612-1

「ハローキティ」と「城下かれい」が別府湾の海の中で遊んでいる様子が描かれたマンホール蓋です。日出町には、サンリオキャラクターパーク・ハーモニーランドが立地していることから、2016年に基本合意を交わし、「ハローキティとくらすまち」として、両者が連携した事業を展開しています。日出町が誇る特産品の「城下かれい」は、江戸時代には将軍家に献上された高級魚です。

福岡県 筑後市

福岡県
筑後市
40-211-A001

Chikugoshi

Osui

33°12'13.1"N
130°29'31.0"E

603-50-18-1

デザインの由来

Chikugoshi
Osui

設置開始 2001年

クスノキ サザンカ

矢部川

このデザインマンホール蓋は、筑後市の木「クスノキ」のつややかな葉と緑を周囲に配置し、巨樹となるクスノキの枝葉を象徴をあらわし、中央に市の花「サザンカ」を全体のバランスよく配置し、つぼみから花までという持続的な市の繁栄の意味が込められています。また、「Chikugoshi」と「Osui」をオールドイングリッシュ書体で記載することで、市が歩んで来た歴史を想起にしたデザインを施しました。自然豊かな筑後市で、天然真澄伏流湧水が豊富な水が澄んだ清澄な名所が多くありますので、ぜひおなじなに寄りください。

1912-00-001
筑後市役所

©GKP

第11弾

40-211-A001
603-50-18-1
2019.12

配布場所
【平日】筑後市役所上下水道課
福岡県筑後市大字山ノ井898番地
【休日】筑後市中央公民館
　　　　（愛称：サンコア）
福岡県筑後市大字山ノ井898番地

筑後市のマンホール蓋は、巨樹となる市の木「クスノキ」のつややかな葉を周囲に配置し、中央に配置された市の花「サザンカ」が持続的な繁栄をイメージします。さらに「Chikugoshi」と「Osui」をオールドイングリッシュ書体で記載することで、市が歩んで来た歴史を想起させるデザインになっています。外周は、市の南部を流れる矢部川の美しく澄んだ水をモチーフにしています。

熊本県 荒尾市

Lot No.	Lot No.	Lot No.	Lot No.	Lot No.

熊本県
荒尾市
43-204-A001

32°59'41.3"N
130°26'02.4"E

デザインの由来

第11弾
43-204-A001
604-51-7-1
2019.12

配布場所
荒尾市企業局

配布場所住所
熊本県荒尾市増永1903番地

荒尾市のマンホール蓋は、市が誇る世界遺産「万田坑」や、市の鳥「シロチドリ」などの水鳥が生息するラムサール条約湿地「荒尾干潟」、市の花「梨の花」、特産品「荒尾梨」、市の木「小岱松（しょうだいまつ）」を図案化。そこに市の魚「マジャク」がモデルのキャラクター「マジャッキー」と企業局広報係長「あらぞうくん」を加えることで、カラフルで楽しいデザインに仕上がっています。

鹿児島県 薩摩川内市

Lot No.	Lot No.	Lot No.	Lot No.	Lot No.

鹿児島県
薩摩川内市
46-215-A001

31°48'47.1"N
130°18'38.6"E

デザインの由来

第11弾
46-215-A001
605-52-7-1
2019.12

配布場所
川内駅観光案内所

配布場所住所
鹿児島県薩摩川内市鳥追町
1番1号

薩摩川内市のマンホール蓋のデザインは、市内の小中学校の生徒を対象に行った公募で決定しました。外周の模様は、400年以上前から毎年秋分の日の前日に行われる「川内大綱引」の大綱をモチーフにしています。両脇の二つの丸い模様は、本市を貫流する「川内川」の河川敷で毎年8月16日に開催される「川内川花火大会」の花火を意味します。蓋の中心には、川内川で泳ぐ3匹の河童がデザインされています。

福岡県 宇美町

Lot No.	Lot No.	Lot No.	Lot No.	Lot No.

福岡県 宇美町
40-341-A001

デザインの由来

設置開始 2020年

宇美町の町制施行100周年を記念して製作したマンホール蓋です。町の花ツクシシャクナゲと、町の木クスの木をデザインしています。中央に、町制施行100周年と記念事業を町内外にPRするため公募により作成されたシンボルマークを、下部にツクシシャクナゲを配置しています。全国213作品から選ばれたシンボルマークは、宇美町の長い歴史を見てきたクスの木をモチーフに、生い繁る葉の中に100の文字を配しています。また、1400年以上の歴史を持つ宇美八幡宮にあるクスは、樹齢約2千年ともいわれ、国指定の天然記念物でもあり、町のシンボルとして、多くの方に愛されています。

宇美町役場

第12弾

40-341-A001
661-53-19-1
2020.04

配布場所
【平日】宇美町役場 上下水道課
【休日】宇美町役場 守衛室
配布場所住所
福岡県糟屋郡宇美町宇美
5丁目1番1号

宇美町の町制施行100周年を記念して製作されたマンホール蓋です。中央に据えられたシンボルマークは、公募により集まった213作品から選ばれたもので、宇美町の長い歴史を見てきた町の木「クスの木」をモチーフに、生い繁る葉の中に「100」の文字を配しています。その下部には町の花である「ツクシシャクナゲ」を配置して、町制施行100周年と記念事業を町内外にPRしています。

33°34'40.9"N
130°29'55.9"E

佐賀県 みやき町

Lot No.	Lot No.	Lot No.	Lot No.	Lot No.

佐賀県 みやき町
41-346-A001

MIYAKI TOWN
みやき町

デザインの由来

設置開始 2018年

自然と歴史豊かな「水と炎と風のまち」みやき町の、四季折々の表情をデザインしたマンホール蓋です。中央に町のキャラクター「みやっきー」を描き、その周りに町木「桜」と町花「コスモス」、秋に見頃を迎える「ひまわり」をデコレーションしました。背景には、大勢の観光客やカメラマンが訪れる晩秋の「鷹取山」を鮮やかな赤で染める「ハゼの紅葉」を取り入れました。マンホール蓋を通じた、事業のPRをいただいている民間のマンホール製造工場をデザインに取り入れました。マンホール蓋を通じた、身近な町の啓発活動による下水道事業PRとなっています。

みやき町防災センター

第12弾

41-346-A001
662-54-6-1
2020.04

配布場所
みやき町庁舎1F
北茂安総合窓口課
配布場所住所
佐賀県三養基郡みやき町
大字東尾737-5

自然と歴史が豊かな「水と炎と風のまち」みやき町の、四季折々の表情がデザインされたマンホール蓋です。中央に町のマスコットキャラクター「みやっきー」を描き、その周りに町木「桜」と町花「コスモス」、秋に見頃を迎える「ひまわり」をデコレーションしました。背景には、大勢の観光客やカメラマンが訪れる晩秋の「鷹取山」を鮮やかな赤で染める「ハゼの紅葉」が描かれています。

33°19'30.2"N
130°27'15.7"E

大分県 杵築市

大分県
杵築市

44-210-A001

33°24'59.3"N
131°37'09.3"E

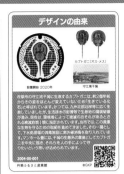

デザインの由来

カブトガニ(オス・メス)

守江海干潟

杵築市の守江湾干潟に生息するカブトガニに、約2億年前からその姿をほとんど変えていないため「生きている化石」と呼ばれています。かつては九州北部沿岸等に広く生息していしたが、生活排水の影響などで生息地の環境破壊が進み、現在は、環境省によって絶滅危惧種I類に指定されています。

2004-00-001
杵築ふるさと産業館

第12弾

44-210-A001
663-55-4-1
2020.04

配布場所
杵築ふるさと産業館
配布場所住所
大分県杵築市大字杵築北浜
665-172

杵築市のマンホール蓋には、守るべき干潟の生態系の象徴としてカブトガニが中央に描かれています。杵築市の守江湾干潟に生息するカブトガニは、約2億年前からその姿をほとんど変えていないため「生きている化石」と呼ばれています。かつてカブトガニは九州北部沿岸等に広く生息していましたが、生活排水の影響などで生息地の環境破壊が進み、環境省によって絶滅危惧種I類に指定されています。

鹿児島県 鹿児島市

鹿児島県
鹿児島市

46-201-B001

あなたとわくわく

マグマシティ
鹿児島市

31°35'02.4"N
130°32'28.3"E

デザインの由来

桜島と市街地

鹿児島市のシンボルマーク「マグマシティ」をデザインしたマンホール蓋です。このマークは、市民をはじめの数多い人・物・者を育む力を大きく共有して街を盛り上げ、鹿児島ファンの輪を広げていくため、2019年3月に、市内外の皆さんによる投票で決定しました。図に描かれている「グランドメッセージ」があなたとわくわく「マグマシティ」は、鹿児島市から市外の人々や市街地を繋いでいます。

2004-00-001
天まちサロン

第12弾

46-201-B001
664-56-8-2
2020.04

配布場所
天まちサロン
配布場所住所
鹿児島県鹿児島市東千石町
8-22

鹿児島市のシンボルマーク「マグマシティ」がデザインされたマンホール蓋です。このマークの赤い糸は鹿児島市民を、青い糸は市外の人々を表し、「人と人との交流から新しい鹿児島市を紡いでいきたい」という思いを、桜島の形で表現しています。鹿児島市に想いを寄せる全ての人々と気持ちを共有して街を盛り上げ、鹿児島ファンの輪を広げていくため、2019年3月に市内外からの投票によってデザインが決定しました。

鹿児島県　枕崎市

Lot No.	Lot No.	Lot No.	Lot No.	Lot No.

鹿児島県
枕崎市
46-204-A001

MAKURA ZAKI

31°16'18.0"N
130°17'55.1"E

665-57-9-1

デザインの由来

設置開始 2019年

立神岩と夕日（冬至）
鰹みこし

令和元年に公募で選ばれたこのデザインマンホール蓋は、「立神岩」と「鰹みこし」が描かれています。枕崎市は薩摩半島の西南端に位置しており、東シナ海に浮かぶ標高42mの「立神岩」は、市のシンボルとして市街に親しまれています。枕崎市のカツオのまちとしての地位は揺るぎないものであり、伝統技術で製造される鰹節は生産量日本一を誇ります。「鰹みこし」は航海安全と豊漁、地場産業の国振を祈念して毎年8月上旬に開催される本市最大のイベント「さつま黒潮『きばらん海』枕崎港まつり」で担がれます。本祭り期間中は盛大な鰹みこし、灯篭流し、海上花火などを楽しめる市内外から大勢の人で賑わいます。

枕崎駅前観光案内所

2004-00-001

第12弾

46-204-A001
665-57-9-1
2020.04

配布場所
枕崎駅前観光案内所

配布場所住所
鹿児島県枕崎市東本町200

枕崎市のシンボル「立神岩」と代表的な祭り「さつま黒潮『きばらん海』枕崎港まつり」がデザインされたマンホール蓋です。枕崎市は薩摩半島の西南端に位置しており、「立神岩」は東シナ海に浮かぶ標高42mの岩です。伝統技術で製造される枕崎市の鰹節は生産量日本一を誇り、「さつま黒潮『きばらん海』枕崎港まつり」では航海安全と豊漁、地場産業の振興を祈念して「鰹みこし」が担がれます。

沖縄県　名護市

Lot No.	Lot No.	Lot No.	Lot No.	Lot No.

沖縄県
名護市
47-209-B001

SPRING
CAMP
NIPPON-HAM
FIGHTERS
2020
NAGO CITY
50th
Anniversary
新球場落成記念

26°35'37.1"N
127°58'02.6"E

666-58-6-2

デザインの由来

設置開始 2020年

タピックスタジアム名護
フレップとポリー

市制50周年を迎えた名護市と北海道日本ハムファイターズが協力して、ファイターズが春季キャンプを行っている名護市営球場（タピックスタジアム名護）のリニューアルを記念し、制作したデザインです。また、春季キャンプがスタートする1月下旬にちょうど見ごろとなる、日本一早くキャンプインするキャンプインのワクワク感を球団マスコットのフレップとポリーが表現しているデザインとなっております。春季キャンプの開催に、気候の訪れとキャンプインのワクワク感、マンホール蓋の将来的な広がりと変化の様子、桜の花びらを1枚1枚の桜の訪れと名護市営球場に足を運んでいただけますでしょうか。

名護市観光協会

2004-00-001

第12弾

47-209-B001
666-58-6-2
2020.04

配布場所
公益財団法人　名護市観光協会

配布場所住所
沖縄県名護市大中1-9-24
名護市産業支援センター1階

2020年、市制50周年を迎えた名護市と北海道日本ハムファイターズが協力して生まれたマンホール蓋です。春季キャンプがスタートする1月下旬に見ごろとなる「カンヒザクラ」をちりばめ、春の訪れとキャンプインの高揚感を球団マスコットのフレップとポリーが表現しています。ファイターズが春季キャンプを行っている名護市営球場（タピックスタジアム名護）のリニューアルを記念して製作されました。

沖縄県 沖縄市

Lot No.	Lot No.	Lot No.	Lot No.	Lot No.

沖縄県
沖縄市

47-211-A001

26°20'09.3"N
127°47'58.5"E

デザインの由来

マンホールの形を太鼓に見立て、沖縄市のエイサーキャラクターであるエイ坊がエイサーを演舞するデザインです。エイ坊の周りには、沖縄市章と沖縄市の花「ハイビスカス」をデザインしています。平成28年には、「わったー(私たちの)マンホール自慢総選挙」で1位を獲得しました。これは、沖縄の伝統文化のひとつで、各地域の青年会がそれぞれの型を受け継いています。

第12弾

47-211-A001
667-59-7-1
2020.04

配布場所
コザ・ミュージックタウン内
エイサー会館
配布場所住所
沖縄県沖縄市上地1丁目
1番1号

マンホールの形を太鼓に見立て、沖縄の伝統文化のひとつ「エイサー」のキャラクター「エイ坊」が演舞する様子をモチーフにしたマンホール蓋です。エイ坊の周りには、沖縄市章と沖縄市の花「ハイビスカス」をあしらっています。平成28年には「わったー(私たちの)マンホール自慢総選挙」で1位を獲得しました。伝統芸能エイサーは、各地域の青年会がそれぞれの型を受け継いでいます。

COLUMN 03

[コラム 03]

豆知識

大きさが変わると違う物に見える?

文・写真／傭兵鉄子

マンホール蓋のサイズは一つではありません。マンホールカードにもなっている直径60cmの物やその半分の大きさの物、さらに小さい物などがあります。鋳物なので、小さい蓋を作る際、デザインを縮小しただけではうまくいきません。線がつぶれないようにモチーフを省略したりデザインを変えたりと、自治体によって処理の仕方もさまざまで、同じデザインでも、小さくなると別の物に見えてくる蓋もあります。東京23区のデザインマンホール蓋は、中央に大きく都の花のソメイヨシノが入ったデザインですが、小蓋の方は5匹の犬(またはカピバラ)が集まっているように見えませんか。「犬がドーナツを囲んで食べてるみたいでかわいい!」とマンホーラー以外からも人気があるようです。サイズによる表現の違いも探してみるとおもしろいですよ。

東京都 千代田区

東京都
千代田区

13-100-F001

ちよだ

©Tezuka Productions

35°41'50.5"N
139°45'42.8"E

デザインの由来

特別版

13-100-F001
606-143-23-6
2020.04

配布場所
千代田区観光案内所
（観光協会内）

配布場所住所
東京都千代田区九段南1-6-17

『鉄腕アトム』の「アトム」と千代田区の花「さくら」が散りばめられたマンホール蓋です。アトムは作中で「お茶の水小学校」に通っていたり、父親のような存在である「お茶の水博士」の教育を受けたりと、お茶の水地域を擁する千代田区と縁の深いキャラクターです。区内にある千鳥ヶ淵は桜の名所として広く愛されています。世界各国から訪れる観光客を、日本を代表するキャラクターであるアトムが歓迎します。

東京都 世田谷区

東京都
世田谷区

13-100-G001

©円谷プロ

35°38'34.4"N
139°36'31.5"E

デザインの由来

特別版

13-100-G001
607-144-24-7
2020.04

配布場所
三軒茶屋観光案内所
（SANCHA³）

配布場所住所
東京都世田谷区太子堂4-1-1

世田谷区にゆかりの深いヒーロー『ウルトラマン』のシルエットを模ったマンホール蓋です。『ウルトラマン』シリーズを制作している円谷プロダクションは世田谷区内に創設され、作品の撮影が区内でも多数行われていました。2005年には円谷プロダクションの最寄駅であった小田急線・祖師ヶ谷大蔵駅を囲む3つの商店街が一緒になって、様々なキャラクターが街を彩る「ウルトラマン商店街」が誕生しました。

東京都 渋谷区

Lot No.	Lot No.	Lot No.	Lot No.	Lot No.

デザインの由来

設置開始 2020年

鳩森八幡神社　将棋堂(王将の大駒)

渋谷区千駄ヶ谷は、「将棋の総本山」として親しまれる東京・将棋会館があり、多くの将棋ファンに愛されていることから、多くの将棋ファンに愛されているまさに今、魅力あふれる千駄ヶ谷を多くの方に知ってもらおうと、高校生棋士の成長を描いた羽海野チカ先生の人気マンガ『3月のライオン』のデザインでマンホール蓋を作成しました。昭和51年(1976年)に建てられた現存の将棋堂には、さまざまなお役に関する映画や将棋のライオンの作品の中にも登場します。マンホール蓋をつなぐ、多彩な『駒』の伝統と文化にふれてください

2004-00-001

東京 将棋会館　ⒸGKP

特別版

13-100-H001
608-145-25-8
2020.04

配布場所
東京・将棋会館

配布場所住所
東京都渋谷区千駄ヶ谷
2-39-9

渋谷区のマンホール蓋は、高校生棋士の成長を描いたマンガ作品『3月のライオン』(羽海野チカ・作)のデザインを採用しています。渋谷区千駄ヶ谷には「将棋の総本山」として知られる東京・将棋会館や「王将」と彫られた大駒が納められている将棋堂を擁する鳩森八幡神社などがあり、多くの将棋ファンに愛されています。なお、東京・将棋会館は『3月のライオン』の作中にも登場します。

東京都
渋谷区
13-100-H001

@sendagaya
@ChikaUmino
せんだがや

35°40'46.3"N
139°42'28.1"E

東京都 杉並区

Lot No.	Lot No.	Lot No.	Lot No.	Lot No.

デザインの由来

設置開始 2020年

阿佐谷七夕まつり

杉並区公式アニメキャラクター「なみすけ」と「ナミー」

「阿佐谷七夕まつり」をモチーフに、杉並区公式アニメキャラクター「なみすけ」と「ナミー」を描いたマンホール蓋です。アニメ制作会社が日本一多く集積する「アニメのまち杉並」で生まれた「なみすけ」と、妹のナミーと一緒に日々、区の魅力を発信しています。「阿佐谷七夕まつり」は、10階ほどのビルの高さにもなる巨大な「張りぼて」が、商店街のアーケードを所狭しと飾り、大勢の見物客でにぎわいます。

2004-00-001

杉並区役所1階　コミュかるショップ　ⒸGKP

特別版

13-100-I001
609-146-26-9
2020.04

配布場所
杉並区役所中棟1階ロビー
コミュかるショップ

配布場所住所
東京都杉並区阿佐谷南1丁目
15番1号

杉並区で開催される「阿佐谷七夕まつり」をモチーフに、区の公式アニメキャラクター「なみすけ」と「ナミー」が描かれたマンホール蓋です。なみすけは、アニメ制作会社が日本一多く集積する「アニメのまち杉並」で生まれ、妹のナミーと一緒に日々、区の魅力を発信しています。「阿佐谷七夕まつり」は、旧暦の七夕に合わせて毎年8月上旬に開催されるお祭りで、大勢の見物客でにぎわいます。

東京都
杉並区
13-100-I001

阿佐谷
七夕まつり

35°42'15.6"N
139°38'09.4"E

東京都 豊島区

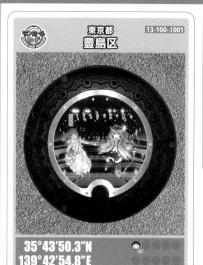

東京都 豊島区
13-100-J001

35°43'50.3"N
139°42'54.8"E

610-147-27-10

デザインの由来

設置開始 2020年

池袋を中心に「国際アート・カルチャー都市」のまちづくりを進める豊島区と、池袋創業のアニメ専門店「アニメイト」が共同制作した「池袋PRアニメ」のデザインマンホール蓋です。池袋の魅力と下水道のPRのために両者が全面協力する形で実現しました。少女が突如人間化したキャラクターが物語を先導するこのアニメは、YouTubeで公開中です。

としま区民センター インフォメーション ©GKP

2004-00-001

特別版

13-100-J001
610-147-27-10
2020.03

配布場所
としま区民センター
インフォメーション

配布場所住所
東京都豊島区東池袋1-20-10

池袋を中心に「国際アート・カルチャー都市」のまちづくりを進める豊島区と、池袋創業のマンガ・アニメ専門店「アニメイト」が共同制作した「池袋PRアニメ」のマンホール蓋です。「池袋PRアニメ」は池袋の魅力と下水道のPRのために両者が全面協力する形で実現しました。池袋にちなんで「ふくろう」を擬人化したキャラクターが物語を先導するこのアニメは、YouTubeで公開中です。

東京都 北区

東京都 北区
13-100-K001

赤羽の
ハッピーラッキー
マンホール
だよ♥

踏むと幸せになれる蓋

※画人の感情であり、効果・効能を示すものではありません。

©清野とおる

35°46'43.9"N
139°43'11.6"E

611-148-28-11

デザインの由来

設置開始 2020年

住めば北区!

清野とおる氏（広報大使より）

赤羽エコー広場館 ©GKP

2004-00-001

特別版

13-100-K001
611-148-28-11
2020.03

配布場所
赤羽エコー広場館

配布場所住所
東京都北区赤羽1-67-62

マンガ作品『東京都北区赤羽』の著者で、登場人物でもある清野とおる氏をモチーフにしたマンホール蓋です。清野氏は、自らの体験や取材をもとに赤羽の魅力をマンガで紹介しています。本作がヒットしたことで、赤羽の街は一躍有名になりました。本当に幸せになれるかどうかは分かりませんが、是非このマンホール蓋を踏んで(清野氏ご本人切望！)、ハッピーでラッキーな赤羽を堪能してください♥(ご本人より)

東京都 足立区

Lot No. | Lot No. | Lot No. | Lot No. | Lot No.

東京都
足立区
13-100-L001

35°44'56.9"N
139°48'22.6"E

612-149-29-12

デザインの由来

設置開始 2020年

足立区の花火
区の花 さくら

足立区の夏の風物詩「足立の花火」と、安全・安心なまちづくりを目指す「ビューティフル・ウィンドウズ運動」のキャラクター「ビュー坊」がデザインされたマンホール蓋です。毎年、荒川河川敷で開催される足立の花火大会は、1時間で1万発以上を打ち上げます。高密度に凝縮された構成の中にも、音楽やレーザー光線など多彩な演出が加わるという大規模なイベントとなっており、多くの人々を楽しませています。

2004-00-001
千住街の駅
©GKP

特別版

13-100-L001
612-149-29-12
2020.04

配布場所
①千住街の駅（11月頃まで）
②あだち産業センター（11月頃から）
配布場所住所
①東京都足立区千住3-69
②東京都足立区千住1-5-7

足立区の夏の風物詩「足立の花火」と、安全・安心なまちづくりを目指す「ビューティフル・ウィンドウズ運動」のキャラクター「ビュー坊」がデザインされたマンホール蓋です。毎年、荒川河川敷で開催される足立の花火大会は、1時間で1万発以上を打ち上げます。高密度に凝縮された構成の中にも、音楽やレーザー光線など多彩な演出が加わるという大規模なイベントとなっており、多くの人々を楽しませています。

東京都 小金井市

Lot No. | Lot No. | Lot No. | Lot No. | Lot No.

東京都
小金井市
13-210-B001

ようこそ
水と
緑の
小金井へ

35°42'00.9"N
139°30'25.3"E

613-150-30-2

デザインの由来

設置開始 2019年

市の木 カワセミ
市の花 けやき

デザインカラーマンホール認定楽として、小金井市公共下水道イメージキャラクター「桜水（おうすい）くん」をモチーフとしてデザイン・マンホール蓋の中央には市の花「サクラ」、桜水くんの持っている家の横には市の木「ケヤキ」、また桜水くんに語りかけるのは市の鳥「カワセミ」と市の魅力を表現されています。「ようこそ 水と緑の小金井へ」というキャッチコピーは、武蔵野の豊かな緑と清い湧き水からなる小金井市の魅力を表現しています。

2004-00-001
小金井市商工会
©GKP

特別版

13-210-B001
613-150-30-2
2020.04

配布場所
小金井市商工会
配布場所住所
東京都小金井市前原町
3-33-25

小金井市公共下水道のキャラクター「桜水（おうすい）くん」をモチーフとしたマンホール蓋です。桜水くんの周囲を飾るのは市の花「サクラ」で、桜水くんが持っている家の横には市の木「ケヤキ」があります。桜水くんに語りかけているのは、市の鳥「カワセミ」です。「ようこそ 水と緑の小金井へ」というキャッチコピーは、武蔵野の豊かな緑と清い湧き水からなる小金井市の魅力を表現しています。

東京都 小平市

Lot No.	Lot No.	Lot No.	Lot No.	Lot No.

東京都
小平市
13-211-B001

小平市ふれあい下水道館
KODAIRA S.SEWER

35°43'35.4"N
139°30'50.3"E

デザインの由来

設置開始 2019年

FC TOKYO
東京ドロンパ　ヒルガタワムちゃん

小平市ふれあい下水道館

2004-00-001
小平市ふれあい下水道館
©GKP

特別版

13-211-B001
614-151-31-2
2020.04

配布場所
小平市ふれあい下水道館

配布場所住所
東京都小平市上水本町
1-25-31

小平市内に練習グラウンドがあるサッカークラブ「FC東京」のチームマスコット「東京ドロンパ」と、小平市ふれあい下水道館の微生物キャラクター「ヒルガタワムちゃん」をデザインしたマンホール蓋です。彼らが見学している「小平市ふれあい下水道館」は、実際に使われている地下25mの下水道管の中に誰でも自由に入ることができ、下水の流れる音やにおい、色などを感じることができる、日本で唯一の施設です。

東京都 東大和市

Lot No.	Lot No.	Lot No.	Lot No.	Lot No.

東京都
東大和市
13-220-A001

ひがしやまと
50th anniversary
おすい
umabee

35°44'05.2"N
139°25'14.5"E

デザインの由来

設置開始 2020年

umabee
旧日立航空機株式会社変電所　うまべぇ

2004-00-001
東大和市立郷土博物館
©GKP

特別版

13-220-A001
615-152-32-1
2020.04

配布場所
東大和市立郷土博物館

配布場所住所
東京都東大和市奈良橋
1-260-2

東大和市のキャラクター「うまべぇ」と、市の指定文化財「旧日立航空機株式会社変電所」を描いたマンホール蓋です。この変電所は、軍需工場の設備として1938年に建設されました。建物には当時の空襲による機銃掃射の弾痕が残っており、戦争の恐ろしさを今の世代に伝えています。「うまべぇ」は、東大和市のお祭り「うまかんべぇ〜祭」のグルメコンテストを盛り上げるために生まれたキャラクターです。

東京都 東久留米市

デザインの由来

東久留米市地域資源PRキャラクター「湧水の妖精るるめちゃん」をモチーフとしたマンホール蓋です。東久留米市は、都心から電車で30分程の場所に位置しながらも、水や緑などの豊かな自然に囲まれています。るるめちゃんのカチューシャは市内に棲む天然記念物「ホトケドジョウ」、手に持っているのは東久留米でしか栽培を許されていない幻の小麦で、江戸東京野菜に登録されている「柳久保小麦」です。

2004-00-001
東久留米市役所1階市民プラザ事務室　©GKP

特別版

13-222-A001
616-153-33-1
2020.04

配布場所
東久留米市市民プラザ事務室

配布場所住所
東京都東久留米市本町
3丁目3番1号

東久留米市地域資源PRキャラクター「湧水の妖精るるめちゃん」をモチーフとしたマンホール蓋です。東久留米市は、都心から電車で30分程の場所に位置しながらも、水や緑などの豊かな自然に囲まれています。るるめちゃんのカチューシャは市内に棲む天然記念物「ホトケドジョウ」、手に持っているのは東久留米でしか栽培を許されていない幻の小麦で、江戸東京野菜に登録されている「柳久保小麦」です。

東京都
東久留米市
13-222-A001

湧水の妖精
るるめちゃん

ひがしくるめ　おすい

35°45'37.7"N
139°32'03.2"E

616-153-33-1

東京都 稲城市

デザインの由来

稲城市は、『機動戦士ガンダム』などのアニメで活躍する日本初のメカニックデザイナー・大河原邦男氏の出身地です。「メカニックデザイナー大河原邦男プロジェクト」の一環として、大河原氏のデザインにより、最高峰のロボットアニメとして君臨する『ガンダム』のマンホール蓋が実現しました。

2004-00-001
いなぎ発信基地ペアテラス　©GKP

特別版

13-225-A001
617-154-34-1
2020.04

配布場所
いなぎ発信基地ペアテラス

配布場所住所
東京都稲城市東長沼
516番地2

稲城市は、『機動戦士ガンダム』など数々のアニメで活躍する日本初のメカニックデザイナー・大河原邦男氏の出身地です。「メカニックデザイナー大河原邦男プロジェクト」の一環として、大河原氏のデザインにより、最高峰のロボットアニメとして君臨する『ガンダム』のマンホール蓋が実現しました。右の青いラインは多摩川など水の流れを、下部の茶色と緑色は里山の風景を表現しています。

東京都
稲城市
13-225-A001

メカニックデザイナー 大河原邦男プロジェクト

OSUI

東京都　稲城市

35°38'38.6"N
139°30'09.6"E

617-154-34-1

■マンホールカードQ&A

マンホールカードに関してよくご質問いただく事柄を、
Q&A形式でお答えします。

Q1 マンホールカードは、どうすればもらえますか？

A1 マンホールカードは役所や下水道関連施設、観光案内所など、それぞれに定められた場所で配布されています。無料で入手できますが、そのためには配布されている場所へ実際に足を運んでいただく必要があります。すべてのカードの配布場所は「下水道広報プラットホーム（GKP）」のホームページ（http://www.gk-p.jp/mhcard/）で、公開されています。配布条件が変更される場合があるため、訪れる際は事前にホームページの最新情報をチェックしましょう。

Q2 マンホールカードは、一度に何枚までもらうことができますか？

A2 1人1枚の配布がルールとなります。さらに「手渡し」が原則であるため、机などに積み上げた自由配布方式は採っておりません。
また「マンホールカードをください」という意思表示をされた方にのみ、お配りをしています。チラシのように、大勢の人に無作為に配ることはありません。

Q3 返信用封筒を送れば、マンホールカードを郵送してもらえますか？

A3 マンホールカードは、「配布場所へ足を運んでいただいた方への配布」が原則となっています。そのため、郵送での取り扱いなどは一切しておりません。

Q4 電話などで、マンホールカードの受け取りの予約は可能ですか？

A4 マンホールカードの配布に関し、事前の取り置き予約などは行っていません。公平性という観点からも、先着順での配布となっています。
※イベント配布等の特別な状況においては、配布方法が変わる場合があります。

Q5 ひとつのカードで、配布場所が数カ所あったりするのでしょうか？

A5 マンホールカードは、1カ所1種類の配布が原則です。同じ自治体内で複数のカードを配布する場合も、基本的にはそれぞれ別の場所で配ることになります。

Q6 下水道関係のイベントなどで配布されることはありますか？

A6 イベント等でマンホールカードを配布する場合は、各自治体のホームページでお知らせします（各自治体のサイトへのリンクは「下水道広報プラットホーム (GKP)」のホームページに掲載しています）。

Q7 道路に設置されていない展示品のようなマンホール蓋も、カードになることはあるのでしょうか？

A7 マンホール蓋の実物があれば制作が可能なため、施設に展示されているマンホール蓋などがカードになることはあります。ただし、レプリカをカード化することはありません。

Q8 マンホール蓋の背景写真は、なぜ実際の路上のアスファルトと違うのですか？

A8 実際の路面の写真を使いたかったのですが、綺麗な舗装の場所に限定してしまうと、カード化できるマンホール蓋の数に制限ができてしまいます。そこで、カードのつくりやすさと集めた際の統一感を優先し、現在のように背景を揃えることになりました。

Q9 配布方法が変わったりすることはありますか？

A9 配布場所や土日の対応などが変わることがあります。これらの変更は「下水道広報プラットホーム (GKP)」のホームページにて、最新の情報が公開されます。

Q10 配布が終了となることはありますか？

A10 在庫が欠品になった場合や少なくなった場合は、各自治体のホームページでお知らせいたします（各自治体のサイトへのリンクは「下水道広報プラットホーム (GKP)」のホームページに掲載してします）。
また、マンホールカードは継続的な配布を原則としていますが、増刷には時間がかかることがあります。

ミス日本「水の天使」にインタビュー

大好きなカードベスト3をあげていただきました

2020ミス日本　水の天使
中村 真優さん

2020年ミス日本「水の天使」として下水道事業のPRに活躍する中村真優さん。国土交通省の公式ツイッターにアップされたCM動画でもマンホールカードを名刺の代わりに使っていただきましたが、カードにどんな想いを持っているのか。直撃インタビューです！

マンホールカードの潔さが好きです！

「水の天使」として活動する前は、マンホールのことをそれほど意識したことはありませんでしたし、デザインマンホールの存在すら知らなかったんです。でも活動するようになってからは、知らず知らずのうちに下を見て歩くようになりました（笑）。かわいいマンホール蓋があると、つい写真に撮ったりしていますね。カラーマンホールだけでなく、普通に使われているマンホールの蓋の中にも「かわいい」と感じられるデザインがあるんですよ。マンホールカードの存在を知ってからは、旅行に行くときも、その地域にどんなマンホールやマンホールカードがあるのかをネットで調べるようになり、旅の楽しみが増えましたね。

いま手元にあるカードは20枚ほどです。新型コロナウイルスの影響で、仕事でも旅行でもなかなか地方には行けませんので数

はそれほど集められていませんが、これからも少しずつコレクションを増やしていきたいと思っています。

一番好きなカードは、沼津市の『ラブライブ！サンシャイン!!』のカードです。やはり大好きなアニメや馴染みのあるキャラクターのカードは愛着が湧きますし、この蓋はすごく細かくいろんな色が使われているので、どうやって色の調合をしているのか興味があります。ぜひ蓋を製造している工場に見学に行ってみたいです。以前沼津に行ったとき、この蓋を見に行ったのですが、周辺には大勢の人だかりができていて、とても驚きました。沼津がラブライブの聖地になっているとは聞いていましたが、マンホールを目当てにこんなに人が集まるなんてすごいですよね。

もちろん地元の柏市のカードも大好きです。子供のころから知っていたのはカラーの蓋ではなかったんですが、カードになったカラーマンホールはとても色鮮やかで素

敵です。

　次にあげるとすると所沢市のカードですね。所沢には祖父母の家があるので、よく西武ライオンズの試合を見に行っていましたので、愛着があります。実は最近話題になっている所沢市の光るマンホールの前で写真撮影もしました。

　全国各地には様々なデザインマンホールがあって、見るだけでも楽しめるのに、それがカードになっていると、集める楽しさも加わりますよね。コレクターの収集癖をくすぐるような仕掛けもたくさんあって。それと、下水道のパンフレットなのにマンホールカードにはマンホールのことしか書かれていません。その潔さも魅力のひとつですが、カードの魅力にはまった人たちが、そこから下水道に興味を持ってくれると嬉しいです。

　私の世代は子供のころに『オシャレ魔女♥ラブandベリー』や『新甲虫ムシキング』といったゲーム機と連動したカードが流行っていて、みんな夢中になって集めていました。マンホールカードもゲームと連動したら、子供たちや若い世代にももっと受け入れられると思いますよ。あと、インスタグラムに「今日の一枚」のように写真をアップし

見れば見るほど愛着がわく

ていくのも面白いと思いますし、カードがトレードできるイベントを開いて、そこでコンプリートした人たちを表彰するのもありだと思います。全国のマンホールカードファンのみなさん、よろしくお願いいたします。ぜひ実現させてください。

沼津市の
『ラブライブ！サンシャイン!!』カード

市のシンボルを凝縮した
柏市のカード

所沢市は西武ライオンズのレオと
市のキャラクター・トコろん

集めたカードはすでに90枚

マンホールカード ファンにインタビュー

UX新潟テレビ21 気象予報士
田中 美都 さん

2019年からUX新潟テレビ21でお天気キャスターとして活躍する田中美都さんは、知る人ぞ知る、マンホールカードマニアでもあります。マンホーラーの間では、すでに非公式のファンクラブができているとの噂も。読者の皆様を代表して、カードへの熱い想いをお聞きしました！

マンホールカードは旅に深みを与えてくれます！

マンホールカードを集めるようになったのは、本当に偶然なんです。大阪で気象予報士の勉強をしていたころ、防災や下水道の知識を広げようと大阪市の下水道科学館に立ち寄った時に、「マンホールカード配布しています」という張り紙が目にとまり、そこでもらった大阪城の第1弾のカードが最初の出会いです。あれから数年経ち、今では90枚ほどのコレクションになりました。

お城巡りも趣味なので、100名城のスタンプや鉄印を集めながらマンホールカードももらいに行くパターンが多いんですが、最近はなかなか旅行にも行けないので、コレクションが3桁までいっていないのが残念です。

好きなカードのベスト10をあげると、1位は熱海市の梅と芸子さんのカードですね。日本画のようなデザインで、季節の美しさを感じることができるので1番好きです。

2位は多摩市の雨水のカード。キティちゃんのかわいらしさもあるんですが、やはり天気に関わる仕事をしていますので、雨のデザインに惹かれます。3位は村上市の笹川流れのカードです。新潟に赴任して初めて見た日本海に沈む夕日を見たとき、とても感動したんですが、その情景がそのままカードになっています。新潟に来たころを思い出す、とても大切なカードです。

UX新潟テレビ21「スーパーJにいがた」でお仕事中

熱海市　　　　　　　多摩市

村上市　　大阪市　　名護市　　新潟市

倉敷市　　青森市　　鶴岡市　　郡山市

迷いに迷って選んでいただいた大好きなカードベスト10

4位は初めてもらった大阪城のカードで、大阪城の凛々しい姿も好きなんですが、ロットナンバーが001なんです。人気のあるエリアの初版というところに愛着が湧きますね。

5位の名護市のカードは、裏の説明文に「ガジュマルが絵柄のどこかに隠されていますが、見つけられるでしょうか。」というクイズのような文言があるのですが、地元の人と会話しているようなところがいいですね。

6位は新潟市のSLです。SLのカードはほかにもあるんですが、煙がもくもくしていて、疾走感のあるところがお気に入りです。

7位に入れた倉敷市のJEANS STREETは、なんと言っても「おしゃれ」ですよね。こんなアメリカンなデザインはほかにありません。

8位は青森市のねぶたカードで、本物のねぶたのような迫力と躍動感が伝わってきます。

9位は鶴岡市のカードですが、加茂水族館の周りをゆったりと泳ぐクラゲのデザインに癒されます。

10位は郡山市の初版のカードです。聞いたところによると、蓋の写真が増刷分からは色が明るくなっているらしいんです。今はもう手に入らないと思うと、マニア心がくすぐられますね。

マンホールカードはその土地の情報がギュッと詰まっていて、旅に深みを与えてくれます。そしてカードをもらう時に、地元の方と交流できるところも楽しいですよね。とくに旅行先の役所の方とお話しする機会なんて普通はありませんから、貴重な経験です。

今は100円ショップのカードフォルダーに保管していますが、滑り出たりするのでマスキングテープでとめています。ですから、ぜひともオフィシャルのカードフォルダーを作っていただきたいです。あと、蓋の座標がありますが、これをマップに入力するのが大変なので、できればカードにスマホをかざすだけで、パッと地図アプリが開いて座標の位置を示してくれないものかなと。そして、日本のどこにどんなカードがあるのかを示した日本地図がネットにあると、もっともっと楽しくなると思います。GKPのみなさん、ご検討をよろしくお願いします。

今は100円ショップのフォルダーで保管しています

マンホール蓋マニアによる特別寄稿

マンホールカードから始めよう!!
蓋活動のススメ

森本 庄治さん

みちくさ学会講師。
マンホールナイト実行委員。
2007年に奈良井宿や松本のマンホール蓋に出会ってから、その魅力にはまる。ブログ#manhotalkをはじめ、マンホールマップの企画、マンホールナイトの運営、マンホールサミット等での講演、各種書籍等へ文章、写真提供などで、マンホール蓋の魅力を発信中。「マンホーラー」「ナイスマンホ！」などの言葉の生みの親。

「最近流行っている"ダムカード"、あんなに盛り上がっていてすごいなぁ。マンホール蓋（以下蓋）にもカードを作りたいなぁ」そう思いつつパネリストとして参加した第一回マンホールサミットの座談会の場で、「マンホールカードを作って欲しい」と訴えた時から、はや7年がたちました。当時はこれほどまでに世の中に出回るとは思っていませんでした。マンホーラーとして、マンホールカードに携わったすべての関係者に「こんなに素晴らしいコレクションを作ってくれてありがとう!!」と改めて感謝します。そう、マンホールカードは、インフラ・パブリックカードの大先輩である「ダムカード」に匹敵する素晴らしいコレクションに育ったのです！

マンホールカードがなぜこんなにも盛り上がったのか？ それは美しい蓋の写真、高いデザイン性、ピクトグラムやナンバーなどのコレクションしたくなるように考えられた仕組み、ついつい読みこんでしまう文章、そして何よりマンホールカードをもらってから、座標の蓋を撮影しに行く道の楽しさ。そのすべてがマンホーラーが渇望する蓋体験だったからではないでしょうか。

もちろん一部のマンホーラーだけではなく、カードから蓋に興味を持たれた方もいらっしゃるかと思います。ぜひ、ここを入り口にして、奥深いマンホール蓋の世界を楽しんでみてください。手軽なところでは、マンホールカードを集める際に始められる蓋の鑑賞や、写真撮影ですね。最近ではコースターやミニチュアなどのさまざまなグッズ収集やレア蓋の捜索、設置の謎解き、SNSでの情報交換、マンホールマップでの位置情報の共有、フロッタージュによる実物蓋の写し取り、自治体が公募するマンホール蓋デザインへの応募、さらにはレゴブロック、パッチワーク等でのマンホール蓋のオブジェ作り、など様々な楽しみ方が存在します。

そこで今回は、マンホール蓋の楽しみ方を２つほどご紹介しましょう。

ペンキ転写でのTシャツやバックの作成

本物のマンホール蓋にペンキを塗って布に転写することで、オリジナルのTシャツやバックを作ることができます。凹凸具合や、掠れ具合がたまりません。もちろん路上の蓋ではなく、自治体等のイベントでしか作れないのですが、機会があればぜひ楽しんでください。

AR（拡張現実）マンホール蓋

アプリを使えば3Dスキャンを使ったマンホール蓋のARオブジェクトの作成が簡単にできるようになっています。ARオブジェクトのデータを元に、好きな場所に好みのマンホール蓋を設置して楽しむことができます。データを保存して、3Dプリンターで蓋を再現することも可能です。

3Dデータースキャン　　お好きな場所にARで表示　　現実ではない組み合わせも

自治体の皆様の工夫を楽しむ

マンホールカードをいただく時に、自治体の皆様の気遣いを感じることがとても多いです。手作りのカードホルダーや、周囲の自治体とのコラボの企画などもあって楽しいですよ。

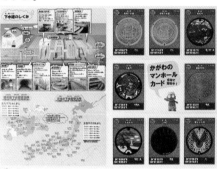

手作り感満載の香川のマンホールカード紹介
実物のカードが添付されています

マンホールカードでゲームをする

マンホールカードをもっと楽しめないかということでマンホーラー有志で作った「ナイスマンホ！」というゲームがあります。ルール自体は単純で、手持ちのカードを無くした人が勝利するというよくあるタイプのものですが、マンホールカードの特徴であるピクトグラムを揃えながら手札を場に捨てていきます。使うマンホールカードのデッキによって戦略が変わってくるので、何回でも楽しめますよ。具体的なルールは緊急事態宣言が発令された2020年4月に、StayHomeを推進するべくYouTubeに公開しましたので、ぜひご覧ください。
https://www.youtube.com/watch?v=Qt3X1JK82pk
または https://bit.ly/3sNzjAh

これからも広がり続けるマンホール蓋の世界を、皆様と楽しんでいきたいです。

■コレクションチェック表

全カード連番順

左表

基本情報				管理ナンバー				コレクションナンバー				GET
シリーズ	エリア	都道府県名	市区町村名	都道府県コード	市区町村コード	デザイン種類	デザイン数量	全カード連番	ブロック(地域)連番	都道府県連番	市区町村連番	
第9弾	北海道	北海道	札幌市	01	100	B	001	420	26	26	2	✓
			天塩町	01	487	A	001	421	27	27	1	✓
	東北	青森県	弘前市	02	202	A	001	422	43	2	1	✓
			十和田市	02	206	A	001	423	44	3	1	✓
		岩手県	花巻市	03	205	C	001	424	45	6	3	✓
		宮城県	東松島市	04	214	A	001	425	46	10	2	✓
			七ヶ浜町	04	404	A	001	426	47	11	1	✓
			女川町	04	581	A	001	427	48	12	1	✓
		山形県	河北町	06	321	A	001	428	49	9	1	✓
	関東	茨城県	結城市	08	207	A	001	429	97	11	1	✓
		栃木県	栃木市	09	203	A	001	430	98	8	1	✓
			佐野市	09	204	A	001	431	99	9	1	✓
			日光市	09	206	A	001	432	100	10	2	✓
		群馬県	渋川市	10	208	A	001	433	101	11	1	✓
			みどり市	10	212	A	001	434	102	12	1	✓
		埼玉県	草加市	11	221	B	001	435	103	30	2	✓
			北本市	11	233	A	001	436	104	31	1	✓
			三郷市	11	237	A	001	437	105	32	1	✓
		千葉県	野田市	12	208	A	001	438	106	11	1	✓
			流山市	12	220	A	001	439	107	12	1	✓
		東京都	東京23区	13	100	E	001	440	108	18	5	✓
		神奈川県	相模原市	14	150	B	001	441	109	14	2	✓
	北陸	新潟県	柏崎市	15	205	A	001	442	27	16	1	✓
		富山県	富山市	16	201	A	001	443	28	4	2	✓
			高岡市	16	202	A	001	444	29	5	1	✓
			舟橋村	16	321	A	001	445	30	6	1	✓
	中部	山梨県	甲斐市	19	210	B	001	446	60	5	2	✓
		長野県	大町市	20	212	A	001	447	61	9	1	✓
			朝日村	20	451	A	001	448	62	14	1	✓
		岐阜県	高山市	21	203	A	001	449	63	9	1	✓
			飛騨市	21	217	A	001	450	64	10	1	✓
		静岡県	静岡市	22	100	B	001	451	65	12	2	✓
			熱海市	22	205	A	001	452	66	13	2	✓
			御殿場市	22	215	A	001	453	67	14	1	✓
		愛知県	流域下水道	23	000	A	001	454	68	20	1	✓
			半田市	23	205	A	001	455	69	21	1	✓
			碧南市	23	209	A	001	456	70	22	1	✓
			犬山市	23	215	A	001	457	71	23	1	✓
			東浦町	23	442	A	001	458	72	24	1	✓
		三重県	四日市市	24	202	B	001	459	73	10	2	✓
	近畿	滋賀県	草津市	25	206	B	001	460	71	6	2	✓
			栗東市	25	208	A	001	461	72	7	1	✓
			豊郷町	25	441	A	001	462	73	8	1	✓
		大阪府	貝塚市	27	208	A	001	463	74	34	1	✓
			交野市	27	230	A	001	464	75	35	1	✓
		兵庫県	姫路市	28	216	A	001	465	76	12	1	✓
			たつの市	28	229	A	001	466	77	13	1	✓
			市川町	28	442	A	001	467	78	14	1	✓
			上郡町	28	481	A	001	468	79	15	1	✓
	中国	岡山県	久米南町	33	663	A	001	469	35	10	1	✓
		広島県	東広島市	34	212	B	001	470	36	11	2	✓
	四国	徳島県	流域下水道	36	000	A	001	471	24	3	1	✓
		香川県	丸亀市	37	202	B	001	472	26	9	2	✓
			綾川町	37	387	A	001	473	27	10	1	✓
			多度津町	37	404	A	001	474	28	11	1	✓
	九州	福岡県	北九州市	40	100	D	001	419	43	14	4	✓
			宗像市	40	220	A	001	475	44	15	2	✓
			那珂川市	40	231	A	001	476	45	16	1	✓
			芦屋町	40	381	A	001	477	46	17	1	✓
		佐賀県	白石町	41	425	A	001	478	47	5	1	✓

右表

基本情報				管理ナンバー				コレクションナンバー				GET
シリーズ	エリア	都道府県名	市区町村名	都道府県コード	市区町村コード	デザイン種類	デザイン数量	全カード連番	ブロック(地域)連番	都道府県連番	市区町村連番	
第10弾	北海道	北海道	北見市	01	208	B	001	479	28	28	2	✓
		群馬県	漁川市	00	208	A	001	498	29	29	2	✓
			名寄市	01	221	A	001	481	30	30	1	✓
			当別町	01	303	A	001	482	31	31	1	✓
			古平町	01	406	A	001	483	32	32	1	✓
			浦河町	01	607	A	001	484	33	33	1	✓
			足寄町	01	647	A	001	485	34	34	1	✓
	東北	岩手県	流域下水道	03	000	A	001	486	50	7	1	✓
			釜石市	03	211	B	001	487	51	8	2	✓
		宮城県	流域下水道	04	000	A	001	488	52	13	1	✓
			石巻市	04	202	A	001	489	53	14	1	✓
		山形県	尾花沢市	06	501	A	001	490	54	10	1	✓
		福島県	浪江町	07	207	A	001	491	55	18	1	✓
	関東	茨城県	日立市	08	202	A	001	492	110	12	1	✓
			龍ケ崎市	08	208	A	001	493	111	13	1	✓
			那珂市	08	226	A	001	494	112	14	1	✓
			鉾田市	08	234	A	001	495	113	15	1	✓
		栃木県	宇都宮市	09	201	B	001	496	114	11	2	✓
			鹿沼市	09	205	A	001	497	115	12	1	✓
		群馬県	渋川市	10	208	A	001	498	116	13	2	✓
		埼玉県	熊谷市	11	202	A	001	499	117	33	2	✓
			本庄市	11	211	A	001	500	118	34	1	✓
			伊奈町	11	301	A	001	501	119	35	1	✓
		千葉県	木更津市	12	206	A	001	502	120	13	1	✓
			松戸市	12	207	A	001	503	121	14	1	✓
		東京都	調布市	13	208	A	001	504	122	19	1	✓
			町田市	13	209	A	001	505	123	20	1	✓
			日野市	13	212	A	001	506	124	21	1	✓
		神奈川県	横浜市	14	000	D	001	507	125	15	4	✓
			藤沢市	14	205	A	001	508	126	16	1	✓
			大和市	14	213	A	001	509	127	17	1	✓
			座間市	14	216	A	001	510	128	18	1	✓
	北陸	新潟県	燕市	15	213	B	001	511	31	17	2	✓
			糸魚川市	15	216	A	001	512	32	18	1	✓
			胎内市	15	227	A	001	513	33	19	1	✓
		富山県	小矢部市	16	209	A	001	514	34	7	1	✓
	中部	長野県	飯田市	20	205	A	001	515	74	11	1	✓
		岐阜県	飛騨市	21	217	A	001	516	75	11	2	✓
			郡上市	21	219	A	001	517	76	12	2	✓
		愛知県	豊田市	23	211	A	001	518	77	25	2	✓
			大府市	23	223	A	001	519	78	26	1	✓
			蟹江町	23	425	A	001	520	79	27	1	✓
	近畿	兵庫県	加古川市	28	210	A	001	521	80	16	1	✓
			宝塚市	28	214	A	001	522	81	17	1	✓
			三木市	28	215	A	001	523	82	18	1	✓
			猪名川町	28	301	A	001	524	83	19	1	✓
			播磨町	28	382	A	001	525	84	20	1	✓
			福崎町	28	443	A	001	526	85	21	1	✓
		和歌山県	御坊市	30	205	A	001	527	86	4	1	✓
	中国	島根県	益田市	32	204	A	001	528	37	3	1	✓
			大田市	32	205	A	001	529	38	4	1	✓
			津和野町	32	501	A	001	530	39	5	1	✓
		岡山県	早島町	33	423	A	001	531	40	11	1	✓
			鏡野町	33	606	A	001	532	41	12	1	✓
		広島県	竹原市	34	203	A	001	533	42	12	1	✓
		山口県	宇部市	35	202	A	001	534	43	8	1	✓
			岩国市	35	208	A	001	535	44	9	1	✓
	四国	香川県	綾川町	37	387	B	001	536	29	12	2	✓
		愛媛県	今治市	38	202	A	001	537	30	7	1	✓
	九州	熊本県	熊本市	43	100	B	001	538	48	6	2	✓

左表

シリーズ	エリア	都道府県名	市区町村名	都道府県コード	市区町村コード	デザイン種類	デザイン数量	全カード連番	ブロック(地域)連番	都道府県連番	市区町村連番	GET
第10弾	九州	大分県	日出町	44	341	A	001	539	49	3	1	✓
第11弾	北海道	北海道	釧路市	01	206	B	001	545	35	35	2	✓
			帯広市	01	207	A	001	546	36	36	1	✓
			滝川市	01	225	A	001	547	37	37	1	✓
			富良野市	01	229	A	001	548	38	38	1	✓
			東神楽町	01	453	A	001	549	39	39	1	✓
			音更町	01	631	A	001	550	40	40	1	✓
			別海町	01	691	A	001	551	41	41	1	✓
	東北	青森県	五所川原市	02	205	A	001	552	56	4	1	✓
			三沢市	02	207	A	001	553	57	5	1	✓
		岩手県	花巻市	03	205	D	001	554	58	9	4	✓
		秋田県	能代市	05	202	A	001	555	59	3	1	✓
		山形県	新庄市	06	205	A	001	556	60	11	1	✓
		福島県	喜多方市	07	208	A	001	557	61	19	1	✓
	関東	茨城県	北茨城市	08	215	A	001	558	129	16	1	✓
			筑西市	08	227	A	001	559	130	17	1	✓
			桜川市	08	231	A	001	560	131	18	1	✓
		栃木県	真岡市	09	209	A	001	561	132	13	1	✓
			那須塩原市	09	213	A	001	562	133	14	1	✓
		群馬県	玉村町	10	464	A	001	563	134	13	1	✓
		埼玉県	鴻巣市	11	217	A	001	564	135	36	1	✓
			川島町	11	346	A	001	565	136	37	1	✓
		千葉県	館山市	12	205	A	001	566	137	15	1	✓
			市原市	12	219	A	001	567	138	16	1	✓
		東京都	国立市	13	215	A	001	568	139	22	1	✓
		神奈川県	伊勢原市	14	214	A	001	569	140	19	1	✓
			葉山町	14	301	A	001	570	141	20	1	✓
			清川村	14	402	A	001	571	142	21	1	✓
	北陸	新潟県	村上市	15	212	E	001	572	35	5	5	✓
		富山県	富山市	16	201	C	001	573	36	8	3	✓
		石川県	輪島市	17	204	A	001	574	37	3	1	✓
	中部	長野県	茅野市下水道	20	000	C	001	575	80	12	3	✓
			諏訪市	20	206	A	001	576	81	13	1	✓
			伊那市	20	209	A	001	577	82	17	1	✓
			佐久市	20	217	A	001	578	83	15	1	✓
			千曲市	20	218	C	001	579	84	16	3	✓
			南木曽町	20	423	A	001	580	85	17	1	✓
		岐阜県	高山市	21	203	B	001	581	86	13	2	✓
			垂井町	21	361	A	001	582	87	14	1	✓
		静岡県	沼津市	22	203	B	001	583	88	15	2	✓
			三島市	22	206	A	001	584	89	16	1	✓
			伊東市	22	208	A	001	585	90	17	1	✓
			掛川市	22	213	A	001	586	91	18	1	✓
			伊豆の国市	22	225	A	001	587	92	19	1	✓
		愛知県	岡崎市	23	202	B	001	588	93	28	2	✓
			半田市	23	205	B	001	589	94	29	2	✓
			扶桑町	23	362	A	001	590	95	30	1	✓
		三重県	松阪市	24	204	B	001	591	96	11	2	✓
	近畿	大阪府	池田市	27	204	B	001	540	87	36	2	✓
			池田市	27	204	C	001	541	88	37	3	✓
			池田市	27	204	D	001	542	89	38	4	✓
			池田市	27	204	E	001	543	90	39	5	✓
		兵庫県	川西市	28	217	A	001	544	91	22	1	✓
		京都府	京丹後市	26	212	A	001	592	92	12	1	✓
		大阪府	枚方市	27	210	A	001	593	93	40	1	✓
		兵庫県	尼崎市	28	202	B	001	594	94	23	2	✓
			丹波市	28	223	A	001	595	95	24	1	✓
	中国	島根県	出雲市	32	203	A	001	596	45	6	1	✓
			吉賀町	32	505	A	001	597	46	7	1	✓
		岡山県	津山市	33	203	A	001	598	47	13	1	✓
		山口県	萩市	35	204	A	001	599	48	10	1	✓
			下松市	35	207	B	001	600	49	11	2	✓
	四国	香川県	まんのう町	37	406	A	001	601	31	13	1	✓
		愛媛県	東温市	38	215	B	001	602	32	8	2	✓
	九州	福岡県	筑後市	40	211	A	001	603	50	18	1	✓

右表

シリーズ	エリア	都道府県名	市区町村名	都道府県コード	市区町村コード	デザイン種類	デザイン数量	全カード連番	ブロック(地域)連番	都道府県連番	市区町村連番	GET
第11弾	九州	熊本県	荒尾市	43	204	A	001	604	51	7	1	✓
		鹿児島県	薩摩川内市	46	215	A	001	605	52	7	1	✓
第12弾	北海道	北海道	名寄市	01	221	B	001	618	42	42	2	✓
			南富良野町	01	462	A	001	619	43	43	1	✓
			豊富町	01	516	A	001	620	44	44	2	✓
			利尻町	01	518	A	001	621	45	45	1	✓
	東北	岩手県	盛岡市	03	201	A	001	622	62	10	1	✓
			釜石市	03	211	C	001	623	63	11	3	✓
		秋田県	男鹿市	05	206	A	001	624	64	4	1	✓
	関東	茨城県	結城市	08	212	A	001	625	155	19	1	✓
		栃木県	那須烏山市	09	213	B	001	626	156	15	2	✓
		群馬県	渋川市	10	208	C	001	627	157	15	3	✓
			吉岡町	10	345	A	001	628	158	16	1	✓
		埼玉県	上尾市	11	219	B	001	629	159	38	2	✓
			桶川市	11	231	A	001	630	160	39	1	✓
			富士見市	11	235	A	001	631	161	40	1	✓
			宮代町	11	442	A	001	632	162	41	1	✓
		千葉県	浦安市	12	227	A	001	633	163	17	1	✓
		東京都	東京23区	13	100	M	001	634	164	35	13	✓
			立川市	13	202	B	001	635	165	36	2	✓
			町田市	13	209	B	001	636	166	37	2	✓
	北陸	新潟県	新発田市	15	206	B	001	637	38	21	2	✓
		石川県	中能登町	17	407	A	001	638	39	4	1	✓
		福井県	高浜町	18	481	A	001	639	40	7	1	✓
	中部	山梨県	甲府市	19	201	B	001	640	97	6	2	✓
		長野県	岡谷市	20	204	A	001	641	98	19	1	✓
			伊那市	20	209	B	001	642	99	19	2	✓
			南箕輪村	20	385	A	001	643	100	20	1	✓
		静岡県	富士宮市	22	207	A	001	644	101	20	1	✓
		愛知県	江南市	23	217	A	001	645	102	31	1	✓
		三重県	伊勢市	24	203	B	001	646	103	12	2	✓
	近畿	京都府	舞鶴市	26	202	B	001	647	96	13	2	✓
		大阪府	茨木市	27	211	A	001	648	97	41	1	✓
			藤井寺市	27	226	A	001	649	98	42	1	✓
			田尻町	27	362	A	001	650	99	43	1	✓
		兵庫県	芦屋市	28	206	B	001	651	100	25	2	✓
			加東市	28	228	A	001	652	101	26	1	✓
		奈良県	三郷町	29	343	A	001	653	102	8	1	✓
			吉野町	29	441	A	001	654	103	9	1	✓
	中国	島根県	江津市	32	207	A	001	655	50	8	1	✓
			雲南市	32	209	A	001	656	51	9	1	✓
		岡山県	倉敷市	33	202	D	001	657	52	14	4	✓
		広島県	安芸高田市	34	214	A	001	658	53	13	1	✓
		山口県	山陽小野田市	35	216	A	001	659	54	12	1	✓
	四国	香川県	丸亀市	37	202	C	001	660	33	14	3	✓
	九州	福岡県	大牟田市	40	341	A	001	661	53	19	1	✓
		佐賀県	みやき町	41	346	A	001	662	54	6	1	✓
		大分県	杵築市	44	210	A	001	663	55	7	1	✓
		鹿児島県	鹿児島市	46	201	B	001	664	56	8	2	✓
			枕崎市	46	204	A	001	665	57	9	1	✓
		沖縄県	名護市	47	209	A	001	666	58	6	2	✓
			沖縄市	47	211	A	001	667	59	7	1	✓
特別版	関東	東京都	千代田区	13	100	F	001	606	143	23	6	✓
			世田谷区	13	100	G	001	607	144	24	7	✓
			渋谷区	13	100	H	001	608	145	25	8	✓
			杉並区	13	100	I	001	609	146	26	9	✓
			豊島区	13	100	J	001	610	147	27	10	✓
			北区	13	100	K	001	611	148	28	11	✓
			足立区	13	100	L	001	612	149	29	12	✓
			小金井市	13	210	A	001	613	150	30	2	✓
			小平市	13	211	B	001	614	151	31	2	✓
			東大和市	13	220	A	001	615	152	32	1	✓
			東久留米市	13	222	A	001	616	153	33	1	✓
			稲城市	13	225	A	001	617	154	34	1	✓

■コレクションチェック表

ブロック(地域)順

GET	エリア	都道府県名	市区町村名	都道府県コード	市区町村コード	デザイン種類	デザイン数量	全カード連番	ブロック(地域)連番	都道府県連番	市区町村連番	GET
	北海道	北海道	札幌市	01	100	B	001	420	26	26	2	
			天塩町	01	487	A	001	421	27	27	1	
			北見市	01	208	A	001	479	28	28	1	
			赤平市	01	218	A	001	480	29	29	1	
			名寄町	01	221	A	001	481	30	30	1	
			当別町	01	303	A	001	482	31	31	1	
			古平町	01	406	A	001	483	32	32	1	
			浦河町	01	607	A	001	484	33	33	1	
			足寄町	01	647	A	001	485	34	34	1	
			釧路市	01	206	B	001	545	35	35	2	
			帯広市	01	207	A	001	546	36	36	1	
			滝川市	01	225	A	001	547	37	37	1	
			富良野市	01	229	A	001	548	38	38	1	
			東神楽町	01	453	A	001	549	39	39	1	
			音更町	01	631	A	001	550	40	40	1	
			別海町	01	691	A	001	551	41	41	1	
			名寄市	01	221	B	001	618	42	42	2	
			鹿追町	01	462	A	001	619	43	43	1	
			豊富町	01	516	B	001	620	44	44	2	
			利尻町	01	518	A	001	621	45	45	1	
	東北	青森県	弘前市	02	202	A	001	422	43	2		
			十和田市	02	206	A	001	423	44	3	1	
		岩手県	花巻市	03	205	C	001	424	45	6	3	
		宮城県	東松島市	04	214	A	001	425	46	10	1	
			七ヶ浜町	04	404	A	001	426	47	11	1	
			女川町	04	581	A	001	427	48	12	1	
		山形県	河北町	06	321	A	001	428	49	9	1	
		岩手県	流域下水道	03	000	A	001	486	50	7	1	
			釜石市	03	211	B	001	487	51	8	2	
		宮城県	流域下水道	04	000	A	001	488	52	13	1	
			石巻市	04	202	A	001	489	53	14	1	
		山形県	鶴岡市	06	203	B	001	490	54	10	2	
		福島県	須賀川市	07	207	A	001	491	55	18	1	
		青森県	五所川原市	02	205	A	001	552	56	4	1	
			三沢市	02	207	A	001	553	57	5	1	
		岩手県	花巻市	03	205	D	001	554	58	9	4	
		秋田県	能代市	05	202	A	001	555	59	3	1	
		山形県	新庄市	06	205	A	001	556	60	11	1	
		福島県	喜多方市	07	208	A	001	557	61	19	1	
		岩手県	盛岡市	03	201	A	001	622	62	10	1	
			釜石市	03	211	C	001	623	63	11	3	
		秋田県	男鹿市	05	206	A	001	624	64	4	1	
	関東	茨城県	結城市	08	207	A	001	429	97	11	1	
		栃木県	栃木市	09	203	A	001	430	98	8	1	
			佐野市	09	204	A	001	431	99	9	1	
			日光市	09	206	B	001	432	100	10	2	
		群馬県	渋川市	10	208	A	001	433	101	11	1	
			みどり市	10	212	A	001	434	102	12	1	
		埼玉県	草加市	11	221	A	001	435	103	30	2	
			北本市	11	233	A	001	436	104	31	1	
			三郷市	11	237	A	001	437	105	32	1	
		千葉県	野田市	12	208	A	001	438	106	11	1	
			流山市	12	220	A	001	439	107	12	1	
		東京都	東京23区	13	100	E	001	440	108	18	5	
		神奈川県	相模原市	14	150	A	001	441	109	14	1	
		茨城県	日立市	08	202	A	001	492	110	12	1	
			龍ヶ崎市	08	208	A	001	493	111	13	1	
			那珂市	08	226	A	001	494	112	14	1	
			鉾田市	08	234	A	001	495	113	15	1	
		栃木県	宇都宮市	09	201	B	001	496	114	11	2	
	関東	栃木県	鹿沼市	09	205	A	001	497	115	12	1	
		群馬県	前橋市	10	201	B	001	498	116	13	2	
		埼玉県	熊谷市	11	202	B	001	499	117	33	2	
			本庄市	11	211	A	001	500	118	34	1	
			伊奈町	11	301	A	001	501	119	35	1	
		千葉県	木更津市	12	206	A	001	502	120	13	1	
			松戸市	12	207	A	001	503	121	14	1	
		東京都	調布市	13	208	A	001	504	122	19	1	
			町田市	13	209	A	001	505	123	20	1	
			日野市	13	212	A	001	506	124	21	1	
		神奈川県	横浜市	14	000	D	001	507	125	15	4	
			藤沢市	14	205	A	001	508	126	16	1	
			大和市	14	213	A	001	509	127	17	1	
			座間市	14	216	A	001	510	128	18	1	
		茨城県	北茨城市	08	215	A	001	558	129	16	1	
			筑西市	08	227	A	001	559	130	17	1	
			桜川市	08	231	A	001	560	131	18	1	
		栃木県	真岡市	09	209	A	001	561	132	12	1	
			那須塩原市	09	213	A	001	562	133	14	1	
		群馬県	玉村町	10	464	A	001	563	134	14	1	
		埼玉県	鴻巣市	11	217	A	001	564	135	36	1	
			川島町	11	346	A	001	565	136	37	1	
		千葉県	館山市	12	201	A	001	566	137	15	1	
			市原市	12	219	A	001	567	138	16	1	
		東京都	国立市	13	215	A	001	568	139	22	1	
		神奈川県	伊勢原市	14	214	A	001	569	140	19	1	
			葉山町	14	301	A	001	570	141	20	1	
			清川村	14	402	A	001	571	142	21	1	
		茨城県	常陸太田市	08	212	A	001	625	155	19	1	
		栃木県	那須烏山市	09	215	B	001	626	156	15	2	
		群馬県	渋川市	10	208	C	001	627	157	15	3	
			吉岡町	10	345	A	001	628	158	16	1	
		埼玉県	上尾市	11	219	B	001	629	159	38	2	
			桶川市	11	231	A	001	630	160	39	1	
			富士見市	11	235	A	001	631	161	40	1	
			宮代町	11	442	A	001	632	162	41	1	
		千葉県	浦安市	12	227	A	001	633	163	17	1	
		東京都	東京23区	13	100	M	001	634	164	35	13	
			立川市	13	202	B	001	635	165	36	2	
			町田市	13	209	B	001	636	166	37	2	
	北陸	新潟県	柏崎市	15	205	A	001	442	27	16	1	
		富山県	富山市	16	201	B	001	443	28	4	2	
			高岡市	16	202	A	001	444	29	5	1	
			舟橋村	16	321	A	001	445	30	6	1	
		新潟県	燕市	15	213	B	001	511	31	17	2	
			糸魚川市	15	216	A	001	512	32	18	1	
			胎内市	15	227	A	001	513	33	19	1	
		富山県	小矢部市	16	209	A	001	514	34	7	1	
		新潟県	村上市	15	212	E	001	572	35	20	5	
		富山県	富山市	16	201	C	001	573	36	8	3	
		石川県	輪島市	17	204	A	001	574	37	3	1	
		新潟県	燕市	15	206	B	001	637	38	21	2	
		石川県	中能登町	17	407	A	001	638	39	4	1	
		福井県	高浜町	18	481	A	001	639	40	7	1	
	中部	山梨県	甲府市	19	201	B	001	446	60	5	2	
		長野県	大町市	20	212	A	001	447	61	9	1	
			朝日村	20	451	A	001	448	62	10	1	
		岐阜県	高山市	21	203	A	001	449	63	9	1	
			飛騨市	21	217	A	001	450	64	10	1	
		静岡県	静岡市	22	100	B	001	451	65	12	2	

GET	エリア	都道府県名	市区町村名	都道府県コード	市区町村コード	デザイン種類	デザイン数量	全カード通番	ブロック(地域連番)	都道府県連番	市区町村連番	GET
✓	中部	静岡県	熱海市	22	205	B	001	452	66	13	2	✓
			御殿場市	22	215	A	001	453	67	14	1	✓
		愛知県	流域下水道	23	000	A	001	454	68	20	1	✓
			半田市	23	205	A	001	455	69	21	1	✓
			碧南市	23	209	A	001	456	70	22	1	✓
			犬山市	23	215	A	001	457	71	23	1	✓
			東浦町	23	442	A	001	458	72	24	1	✓
		三重県	四日市市	24	202	B	001	459	73	10	2	✓
		長野県	飯田市	20	205	A	001	515	74	11	1	✓
		岐阜県	飛騨市	21	217	B	001	516	75	11	2	✓
			郡上市	21	219	B	001	517	76	12	2	✓
		愛知県	豊田市	23	211	A	001	518	77	25	1	✓
			大府市	23	223	A	001	519	78	26	1	✓
			蟹江町	23	425	A	001	520	79	27	1	✓
		長野県	流域下水道	20	000	C	001	575	80	12	3	✓
			諏訪市	20	206	A	001	576	81	13	1	✓
			伊那市	20	209	A	001	577	82	14	1	✓
			佐久市	20	217	A	001	578	83	15	1	✓
			千曲市	20	218	C	001	579	84	16	3	✓
			南木曽町	20	423	A	001	580	85	17	1	✓
		岐阜県	高山市	21	203	B	001	581	86	13	2	✓
			垂井町	21	361	A	001	582	87	14	1	✓
		静岡県	沼津市	22	203	B	001	583	88	15	2	✓
			三島市	22	206	A	001	584	89	16	1	✓
			伊東市	22	208	A	001	585	90	17	1	✓
			掛川市	22	213	A	001	586	91	18	1	✓
			伊豆の国市	22	225	A	001	587	92	19	1	✓
		愛知県	岡崎市	23	202	B	001	588	93	28	2	✓
			半田市	23	205	B	001	589	94	29	2	✓
			扶桑町	23	362	A	001	590	95	30	1	✓
		三重県	松阪市	24	204	B	001	591	96	11	2	✓
		山梨県	甲府市	19	201	B	001	640	97	6	2	✓
		長野県	岡谷市	20	204	A	001	641	98	18	1	✓
			伊那市	20	209	B	001	642	99	19	2	✓
			南箕輪村	20	385	A	001	643	100	20	1	✓
		静岡県	富士宮市	22	207	A	001	644	101	20	1	✓
		愛知県	江南市	23	217	A	001	645	102	31	1	✓
		三重県	伊勢市	24	203	B	001	646	103	12	2	✓
✓	近畿	滋賀県	草津市	25	206	B	001	460	71	6	2	✓
			栗東市	25	208	A	001	461	72	7	1	✓
			豊郷町	25	441	A	001	462	73	8	1	✓
		大阪府	貝塚市	27	208	A	001	463	74	34	1	✓
			交野市	27	230	A	001	464	75	35	1	✓
		兵庫県	高砂市	28	216	A	001	465	76	12	1	✓
			たつの市	28	229	A	001	466	77	13	1	✓
			市川町	28	442	A	001	467	78	14	1	✓
			上郡町	28	481	A	001	468	79	15	1	✓
			加古川市	28	210	A	001	521	80	16	1	✓
			宝塚市	28	214	A	001	522	81	17	1	✓
			三木市	28	215	A	001	523	82	18	1	✓
			猪名川町	28	301	A	001	524	83	19	1	✓
			播磨町	28	382	A	001	525	84	20	1	✓
			福崎町	28	443	A	001	526	85	21	1	✓
		和歌山県	御坊市	30	205	A	001	527	86	4	1	✓
		大阪府	池田市	27	204	B	001	540	87	36	2	✓
			池田市	27	204	C	001	541	88	37	3	✓
			池田市	27	204	D	001	542	89	38	4	✓
			池田市	27	204	E	001	543	90	39	5	✓
		兵庫県	川西市	28	217	A	001	544	91	22	1	✓
		京都府	京丹後市	26	212	A	001	592	92	12	1	✓
		大阪府	枚方市	27	210	A	001	593	93	40	1	✓
		兵庫県	尼崎市	28	202	B	001	594	94	23	2	✓
			丹波市	28	223	A	001	595	95	24	1	✓
		京都府	舞鶴市	26	202	B	001	647	96	13	2	✓
		大阪府	茨木市	27	211	A	001	648	97	41	1	✓

GET	エリア	都道府県名	市区町村名	都道府県コード	市区町村コード	デザイン種類	デザイン数量	全カード通番	ブロック(地域連番)	都道府県連番	市区町村連番	GET
✓	近畿	大阪府	藤井寺市	27	226	B	001	649	98	42	2	✓
			田尻町	27	362	A	001	650	99	43	1	✓
		兵庫県	芦屋市	28	206	B	001	651	100	25	2	✓
			加東市	28	228	A	001	652	101	26	1	✓
		奈良県	三郷町	29	343	A	001	653	102	8	1	✓
			吉野町	29	441	A	001	654	103	9	1	✓
✓	中国	岡山県	久米南町	33	663	A	001	469	35	10	1	✓
		広島県	広島市	34	212	B	001	470	36	11	2	✓
		島根県	益田市	32	204	A	001	528	37	3	1	✓
			大田市	32	205	A	001	529	38	4	1	✓
			津和野町	32	501	A	001	530	39	5	1	✓
		岡山県	早島町	33	423	A	001	531	40	11	1	✓
			鏡野町	33	606	A	001	532	41	12	1	✓
		広島県	竹原市	34	203	B	001	533	42	12	2	✓
		山口県	宇部市	35	202	A	001	534	43	8	1	✓
			岩国市	35	208	A	001	535	44	9	1	✓
		島根県	出雲市	32	203	A	001	596	45	6	1	✓
			吉賀町	32	505	A	001	597	46	7	1	✓
		岡山県	津山市	33	203	A	001	598	47	13	1	✓
		山口県	萩市	35	204	A	001	599	48	10	1	✓
			下松市	35	207	B	001	600	49	11	2	✓
		島根県	江津市	32	207	A	001	655	50	8	1	✓
			雲南市	32	209	A	001	656	51	9	1	✓
		岡山県	倉敷市	33	202	A	001	657	52	14	4	✓
		広島県	安芸高田市	34	214	A	001	658	53	13	1	✓
		山口県	山陽小野田市	35	216	A	001	659	54	12	1	✓
✓	四国	徳島県	流域下水道	36	000	A	001	471	25	3	1	✓
		香川県	丸亀市	37	202	B	001	472	26	9	2	✓
			綾川町	37	387	A	001	473	27	10	1	✓
			多度津町	37	404	A	001	474	28	11	1	✓
			綾川町	37	387	B	001	536	29	12	2	✓
		愛媛県	今治市	38	202	A	001	537	30	7	1	✓
		香川県	まんのう町	37	406	A	001	601	31	13	1	✓
		愛媛県	東温市	38	215	B	001	602	32	8	2	✓
		香川県	丸亀市	37	202	C	001	660	33	14	3	✓
✓	九州	福岡県	北九州市	40	100	D	001	419	43	14	4	✓
			宗像市	40	220	B	001	475	44	15	2	✓
			那珂川市	40	231	A	001	476	45	16	1	✓
			芦屋町	40	381	A	001	477	46	17	1	✓
		佐賀県	白石町	41	425	A	001	478	47	5	1	✓
		熊本県	熊本市	43	100	B	001	538	48	6	2	✓
		大分県	日出町	44	341	A	001	539	49	3	1	✓
		福岡県	筑後市	40	211	A	001	603	50	18	1	✓
		熊本県	荒尾市	43	204	A	001	604	51	7	1	✓
		鹿児島県	薩摩川内市	46	215	A	001	605	52	7	1	✓
		福岡県	宇美町	40	341	A	001	661	53	19	1	✓
		佐賀県	みやき町	41	346	A	001	662	54	6	1	✓
		大分県	杵築市	44	210	A	001	663	55	4	1	✓
		鹿児島県	鹿児島市	46	201	B	001	664	56	8	2	✓
			枕崎市	46	204	A	001	665	57	9	1	✓
		沖縄県	名護市	47	209	A	001	666	58	6	1	✓
			沖縄市	47	211	A	001	667	59	7	1	✓
✓	特別版	東京都	千代田区	13	100	F	001	606	143	23	6	✓
			世田谷区	13	100	G	001	607	144	24	7	✓
			渋谷区	13	100	H	001	608	145	25	8	✓
			杉並区	13	100	I	001	609	146	26	9	✓
			豊島区	13	100	J	001	610	147	27	10	✓
			北区	13	100	K	001	611	148	28	11	✓
			足立区	13	100	L	001	612	149	29	12	✓
			小金井市	13	210	A	001	613	150	30	2	✓
			小平市	13	211	B	001	614	151	31	2	✓
			東大和市	13	220	A	001	615	152	32	1	✓
			武蔵村山市	13	222	A	001	616	153	33	1	✓
			稲城市	13	225	A	001	617	154	34	1	✓

■ピクトグラムで広がるコレクション

マンホールカードのオモテ面の右下にあるピクトグラム（デザインカテゴリー）。これは31種類のテーマに分類され、その下に連番が振られています。分類は以下の通りです。

花　　木　　鳥　　魚　　動物　　昆虫　　果物　　野菜　　名物品　　観光名所　　鉄道

乗物（鉄道以外）　祭り　イベント（祭以外）　スポーツ　偉人（歴史的人物）　文学史　おとぎ話　キャラクター　広告宣伝　富士山　お城

橋　歴史的建造物（お城、橋梁以外）　幾何学模様　海　山　川　湖／沼　世界遺産　その他

マンホールカードは、全カード連番やブロック（地域）連番など、ご自身でテーマやカテゴリーを決め、コレクションしていただけるように構成されています。特にピクトグラムには、世界遺産やお城、祭り、鉄道、富士山といった人気の高いカテゴリーが揃っており、お好みのテーマ設定による収集をサポートします。

✿ 花（130枚）

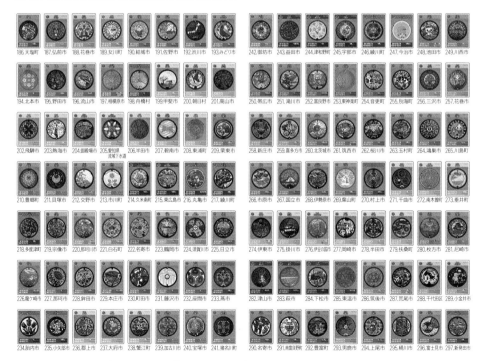

298.高浜町 299.甲府市 300.岡谷市 301.伊那市 302.富士宮市 303.江南市 304.伊勢市 305.茨木市
306.吉野町 307.江津市 308.雲南市 309.倉敷市 310.山県/郡上市 311.丸亀市 312.宇美町 313.みやき町
314.名護市 315.沖縄市

82.町田市 83.大和市 84.燕市 85.蟹江町 86.釧路市 87.帯広市 88.喜多方市 89.北茨城市
90.市原市 91.伊勢原市 92.葉山町 93.伊東市 94.出雲市 95.荒尾市 96.小金井市 97.名寄市
98.利尻町 99.舞鶴市

● 木 （56枚）

130.天塩町 131.七ヶ浜町 132.女川町 133.草加市 134.野田市 135.相模原市 136.富山市 137.高岡市
138.甲斐市 139.熱海市 140.半田市 141.栗東市 142.高砂市 143.東広島市 144.多度津町 145.那珂川市
146.白石町 147.宮城県流域下水道 148.鷺ケ崎市 149.鮮後市 150.燕市 151.小矢部市 152.飯田市 153.豊田市
154.蟹江町 155.猪名川町 156.御坊市 157.益田市 158.宇部市 159.綾川町 160.池田市 161.川西市
162.帯広市 163.三沢市 164.新庄市 165.喜多方市 166.北茨城市 167.玉村町 168.市原市 169.葉山町
170.清川村 171.千曲市 172.亜井町 173.半田市 174.筑後市 175.荒尾市 176.小金井市 177.東久留米市
178.名寄市 179.南富良野町 180.浦安市 181.茨木市 182.藤井寺市 183.芦屋市 184.江津市 185.宇美町

● 鳥 （34枚）

66.天塩町 67.女川町 68.みどり市 69.野田市 70.流山市 71.相模原市 72.大町市 73.愛知県流域水道
74.碧南市 75.栗東市 76.交野市 77.那珂川市 78.鶴岡市 79.日立市 80.龍ケ崎市 81.鉾田市

● 魚 （18枚）

48.栃木市 49.佐野市 50.飛騨市 51.東浦町 52.徳島県流域下水道 53.石巻市 54.本庄市 55.益田市
56.日出町 57.喜多方市 58.長野県流域下水道 59.京丹後市 60.吉賀町 61.東久留米市 62.南箕輪村 63.加東市
64.吉野町 65.枕崎市

● 動物 （11枚）

26.十和田市 27.四日市市 28.東広島市 29.浦河町 30.木更津市 31.小矢部市 32.別海町 33.伊那市
34.高山市 35.町田市 36.杵築市

● 昆虫 （5枚）

7.朝日村 8.喜多方市 9.吉賀町 10.まんのう町 11.南箕輪村

● 果物 （15枚）

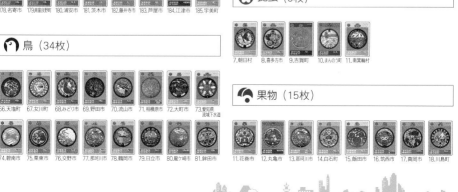

11.花巻市 12.丸亀市 13.那珂川市 14.白石市 15.飯田市 16.筑西市 17.真岡市 18.川島町

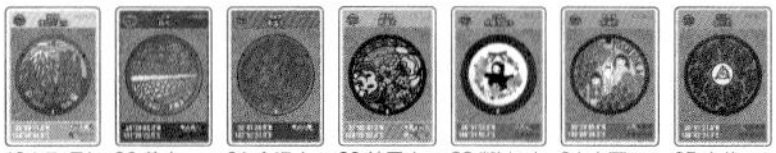

19.伊豆の国市　20.萩市　21.東温市　22.荒尾市　23.常陸太田市　24.吉岡町　25.宮代町

野菜（5枚）

7.白石町　8.足寄町　9.東温市　10.東久留米市　11.東京23区

名物品（28枚）

39.弘前市　40.柏崎市　41.丸亀市　42.那珂川市　43.白石町　44.足寄町　45.岩手県流域下水道　46.宇都宮市

47.飯田市　48.三木市　49.福崎町　50.日出町　51.筑西市　52.真岡市　53.村上市　54.伊那市

55.伊豆の国市　56.扶桑町　57.京丹後市　58.萩市　59.荒尾市　60.東久留米市　61.常陸太田市　62.吉岡町

63.桶川市　64.東京23区　65.加東市　66.枕崎市

観光名所（38枚）

93.栃木市　94.日光市　95.相模原市　96.柏崎市　97.高岡市　98.熱海市　99.犬山市　100.四日市市

101.高砂市　102.古平町　103.渋川市　104.松戸市　105.横浜市　106.大和市　107.糸魚川市　108.豊田市

109.福崎町　110.大田市　111.岩国市　112.今治市　113.池田市　114.池田市　115.池田市　116.池田市

117.北茨城市　118.那須塩原市　119.三島市　120.伊東市　121.伊豆の国市　122.出雲市　123.荒尾市　124.那須塩原市

125.高浜町　126.伊勢市　127.舞鶴市　128.加東市　129.山陽小野田市　130.枕崎市

鉄道（6枚）

8.流山市　9.御殿場市　10.福崎町　11.真岡市　12.下松市　13.倉敷市

乗物（鉄道以外）（17枚）

29.東松島市　30.四日市市　31.熊谷市　32.松戸市　33.播磨町　34.池田市　35.池田市　36.池田市

37.池田市　38.滝川市　39.館山市　40.葉山町　41.枚方市　42.南富良野町　43.渋川市　44.上尾市

45.田尻町

祭り（19枚）

20.北九州市　21.柏崎市　22.富山市　23.豊郷町　24.赤平市　25.釜石市　26.石巻市　27.日立市

28.鹿沼市　29.池田市　30.富良野市　31.五所川原市　32.能代市　33.桜川市　34.輪島市　35.杉並区

36.盛岡市　37.枕崎市　38.沖縄市

イベント（祭以外）（9枚）

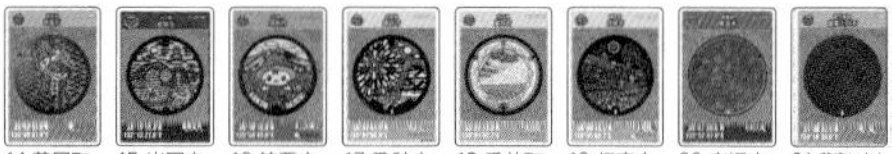

14.芦屋町　15.岩国市　16.筑西市　17.諏訪市　18.垂井町　19.伊東市　20.東温市　21.薩摩川内市

22.足立区

スポーツ（8枚）

16. 久々南町　17. 北見市　18. 浦河町　19. 熊谷市　20. 能代市　21. 小平市　22. 安芸高田市　23. 名護市

偉人（歴史的人物）（4枚）

7. 当別町　8. 伊奈町　9. 日野市　10. 播磨町

文学史（3枚）

7. 高岡市　8. 郡上市　9. 福崎町

おとぎ話（7枚）

11. 丸亀市　12. 古平町　13. 木更津市　14. 大田市　15. 五村町　16. 中能登町　17. 雲南市

キャラクター（79枚）

65. 弘前市　66. 結城市　67. 佐野市　68. 三郷市　69. 東京23区　70. 柿崎市　71. 甲斐市　72. 静岡市

73. たつの市　74. 上郡町　75. 久米南市　76. 白石町　77. 名寄市　78. 足寄町　79. 宮手県流域下水道　80. 宮城岐阜県流域下水道

81. 熊谷市　82. 本庄市　83. 調布市　84. 横浜市　85. 糸魚川市　86. 飛騨市　87. 大府市　88. 蟹江町

89. 福崎町　90. 津和野町　91. 竹原市　92. 熊本市　93. 日出町　94. 池田市　95. 池田市　96. 池田市

97. 池田市　98. 帯広市　99. 富良野市　100. 音更町　101. 花巻市　102. 筑西市　103. 真岡市　104. 那須塩原市

105. 川島町　106. 佐久市　107. 沼津市　108. 岡崎市　109. 松阪市　110. 丹波市　111. 津山市　112. 荒尾市

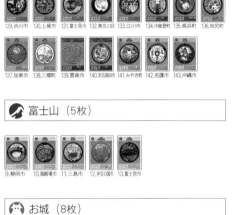

113. 千代田区　114. 世田谷区　115. 渋谷区　116. 杉並区　117. 豊島区　118. 北区　119. 足立区　120. 小金井市

121. 小平市　122. 東大和市　123. 東久留米市　124. 稲城市　125. 利尻市　126. 盛岡市　127. 常陸太田市　128. 那須塩原市

129. 渋川市　130. 上尾市　131. 富士見市　132. 東京23区　133. 立川市　134. 中能登町　135. 高浜市　136. 田尻町

137. 加東市　138. 三郷町　139. 雲南市　140. 安芸高田市　141. みやき町　142. 名護市　143. 沖縄市

富士山（5枚）

9. 静岡市　10. 御殿場市　11. 三島市　12. 伊豆の国市　13. 富士宮市

お城（8枚）

20. 犬山市　21. 岩国市　22. 諏訪市　23. 掛川市　24. 尼崎市　25. 津山市　26. 新発田市　27. 舞鶴市

橋（15枚）

15. 北九州市　16. 草加市　17. 相模原市　18. 富山市　19. 四日市市　20. 本庄市　21. 豊田市　22. 早島町

23. 岩国市　24. 今治市　25. 清川村　26. 富山市　27. 三島市　28. 田尻町　29. 江津市

歴史的建造物（お城、橋梁以外）（19枚）

39. 河北町　40. 栃木市　41. 相模原市　42. 草津市　43. 赤平市　44. 鶴岡市　45. 渋川市　46. 北茨城市

47.国立市　48.富山市　49.伊東市　50.伊豆の国市　51.出雲市　52.萩市　53.まんのう町　54.荒尾市　72.丸亀市　73.みやき町

55.東大和市　56.浦安市　57.伊勢市

◎ 幾何学模様（11枚）

||| 川（38枚）

19.鹿沼市　20.宝塚市　21.三木市　22.早島町　23.村上市　24.千曲市　25.高山市　26.筑後市

52.栃木市　53.草加市　54.相模原市　55.富山市　56.犬山市　57.交野市　58.徳島県流域下水道　59.綾川町

27.薩摩川内市　28.藤井寺市　29.吉野町

60.那珂川市　61.赤平市　62.石巻市　63.松戸市　64.飛騨市　65.豊田市　66.益田市　67.池田市

〰 海（25枚）

56.北九州市　57.七ヶ浜町　58.女川町　59.川崎市　60.高岡市　61.静岡市　62.四日市市　63.高砂市

68.池田市　69.池田市　70.池田市　71.富山市　72.長野県流域下水道　73.垂井町　74.伊東市　75.薩摩川内市

64.芦屋市　65.古平町　66.横浜市　67.今治市　68.日出町　69.北茨城市　70.館山市　71.葉山町

76.浦安市　77.南箕輪村　78.江南市　79.芦屋市　80.加東市　81.江津市

72.京丹後市　73.出雲市　74.豊富町　75.利尻町　76.高浜市　77.伊勢市　78.田尻町　79.山鼻小野田市

〰 湖／沼（9枚）

16.日光市　17.相模原市　18.大町市　19.龍ケ崎市　20.釧路市　21.清川村　22.諏訪市　23.まんのう町

80.枕崎市

24.富士宮市

⛰ 山（26枚）

48.北九州市　49.相模原市　50.川崎市　51.高岡市　52.大町市　53.丸亀市　54.那珂川市　55.赤平市

🌐 世界遺産（3枚）

9.伊豆の国市　10.荒尾市　11.富士宮市

56.浦河町　57.龍ケ崎市　58.本庄市　59.池田市　60.池田市　61.池田市　62.池田市　63.富良野市

☯ その他（4枚）

14.札幌市　15.錦野町　16.釜石市　17.鹿児島市

64.筑西市　65.伊勢原市　66.長野県流域下水道　67.伊那市　68.豊富町　69.利尻市　70.高浜市　71.江津市

マンホールカードの最新情報はここで入手！

マンホールカードの最新情報は、「下水道広報プラットホーム」(GKP)のホームページで入手できます。
配布場所や配布時間などの情報が随時更新されていますので、訪れる際は事前にホームページを
チェックしましょう。

下水道広報プラットホーム（GKP）
http://www.gk-p.jp/mhcard/

マンホールカード検索

本書と共に「下水道広報プラットホーム」(GKP)のホームページの最新情報を補完することで
マンホールカード収集がより充実したものになります。

『マンホールカード コレクション 』発売中！

『マンホールカード
コレクション 1
第1弾～第4弾』

GKPマエブロ／著
定価1800円＋税
A5判並製／フルカラー／
128ページ
ISBN978-4-905158-45-5

『マンホールカード
コレクション 1
第5弾～第8弾』

下水道広報プラットホーム
(GKP)／著
定価1900円＋税
A5判並製／フルカラー／
160ページ
ISBN978-4-905158-61-5

初版限定特典「マンホールカード・試作第3号カード」について

マンホールカードが完成するまでには、4つのフォーマット作成の工程がありました。
本書の特典として復刻されたマンホールカードは、こちらの「試作第3号カード」になります。
裏面の配布場所に『マンホールカード コレクション3 特典カード』記され、製造管理ナンバーが
「2104-00-001」となっています。

試作第1号カード

最初に作られた、プロトタイプのマンホールカードです。現在より、薄い紙に印刷されていました。一般配布はありません。

試作第2号カード

フォーマットを一新し、ロゴマークや位置座標、ピクトグラムを取り入れて変更を加えた試作第2号カードです。一般配布はありません。

試作第3号カード

コレクションナンバーやQRコードが取り込まれた試作第3号カードです。マンホールカードを説明するために、実際に制作されました。2016年3月に開催された「マンホールサミット2016」で少量のみ配布されました。

試作第4号カード

第1弾の中の1枚として、一般に配布されるようになった完成版の「東京都 東京23区」カードです。